용기 있는 아이로
키우는 아들러 육아

# 엄마가
# 믿는 만큼
# 크는 아이

용기 있는 아이로 키우는 아들러 육아

# 엄마가 믿는 만큼 크는 아이

기시미 이치로 지음 | 오시연 옮김

을유문화사

옮긴이 오시연

동국대학교 회계학과를 졸업했으며 일본 외어전문학교 일한통역과를 수료했다. 번역 에이전시 엔터스코리아에서 출판 기획 및 일본어 전문 번역가로 활동하고 있다.

주요 역서로는 『생각만 하는 사람, 생각을 실현하는 사람』, 『착각을 계속하라』, 『월급쟁이 자본론』, 『제왕학 교과서』, 『어른, 공부하지마라』, 『비주얼 비즈니스 프레임워크』, 『회계의 신』, 『돈이 당신에게 말하는 것들』, 『병에 걸리지 않는 15가지 식습관』, 『현금경영으로 일어서라』, 『거짓 숫자에 속지마라』, 『부자 삼성 가난한 한국』, 『simple 회계 공부법』, 『만만한 회계학』, 『쉽게 이해하는 IFRS』, 『세상에서 제일 쉬운 회계수업』, 『퇴근시간이 빨라지는 비즈니스 통계입문』, 『드러커 사고법』, 『겁쟁이를 위한 주식투자』, 『원소주기』(공역), 『삼성의 번영으로 불행해지는 한국경제』 등이 있다.

용기 있는 아이로
키우는 아들러 육아

엄마가
믿는 만큼
크는 아이

발행일
2015년 6월 25일  초판  1쇄
2019년 5월 20일  초판 16쇄

지은이 | 기시미 이치로
옮긴이 | 오시연
펴낸이 | 정무영
펴낸곳 | (주)을유문화사

창립일 | 1945년 12월 1일
주소 | 서울시 마포구 월드컵로16길 52-7
전화 | 02-733-8153
팩스 | 02-732-9154
홈페이지 | www.eulyoo.co.kr
ISBN  978-89-324-7304-8  03590

# 추천사

아이를 한 번도 야단치지 않거나 매를 들지 않고 잘 키울 수 있을까?

과연 그것이 가능한 것이지를 묻는다면 아이를 키워 본 경험으로 가능하다고 대답할 것입니다.

『엄마가 믿는 만큼 크는 아이』는 아들러 심리학에 기초하여 야단치지 않고 아이를 있는 그대로 사랑하고 존중하면, 높은 자존감을 가진 유능하고 건강하며 사회에 기여하는 행복한 인재로 키울 수 있다는 것을 경험으로 검증한 책입니다.

이 책은 두껍지도 않고 읽기 편하게 쓰였으며 내용도 재미있지만 아이를 따뜻한 마음과 깊은 신뢰를 가지고 바라보는 인간의 본성을 다루고 있기에, 이런 마음가짐으로 책 내용을 그대로 실천하면 아이들이 잘 자라리라는 것을 저절로 알게 됩니다.

성장은 관점이 바뀌는 것이지요. 부모가 어떤 관점으로 아이를 바라보느냐에 따라 아이들의 행동은 달라지지요. 아이를 부정으로 바라보면 부정적인 것만 보이고 긍정으로 바라보면 아이의 긍정적인 면이 부모의 눈에 보이게 됩니다. 그러면 아이의 긍정을 더욱 이끌어 내어 더욱 활기 넘치고 사랑스런 아이로 자라도록 지원해 줄 수 있습니다.

아이가 왜 야단맞을 행동을 할까요? 아이는 부모를 괴롭히기 위해서 하는 것이 아닙니다. 모든 인간의 내면에는 인정의 욕구가 있지요. 특히 아이들은 부모에게 인정받고 싶은 간절한 욕구가 있습니다. 부모가 아이의 마음을 읽고 섬세하게 인정해 주면 아이는 자라면서 다른 사람의 인정을 갈구하지 않게 됩니다. 이미 충분히 인정받았기에 자신이 스스로를 인정하면 됩니다. 그런데 부모(아이에게는 조부모)에게 인정받지 못한 아이의 부모가 자신의 경우와 마찬가지로 아이를 인정하지 못하면 아이는 부모와 분리되어 외로움을 겪는 것보다는 야단맞을 행동을 해서 부정적인 관심이라도 받으려 하는 것입니다. 또한 아이를 야단치는 부모는 자신의 내면에 무엇이 있는지를 알지 못해 아이를 감당할 수 없어 완력에 의존하는 것입니다.

높은 자존감을 가진 아이들은 야단맞을 행동을 하지 않습니다. 이 책에서는 평범해질 용기를 아이에게 줌으로써 높은 자존감을 가진 아이로 키우라고 말하고 있습니다. 평범해질 용기는 행동이 아닌 존재로 사는 것입니다. 자신을 있는 그대로 충분하다고 보는 것입니다. 이는 모든 사람(타인)이 자신을 좋아하지 않아도 되며 자신의 그림자도 자신의 모습으로 받아들이는 자기 수용이 이루어진 것이지요.

아이가 자신을 있는 그대로 받아들이기 위해서는 먼저 부모가 아이를 가르쳐야 할 수동적인 대상이 아니라 형제처럼 존중하고 믿어 주어야 합니다. 형제는 수평적인 관계이지요. 친구나 형제를 아이처럼 대하면서 야단치거나 매를 든다면 사회적인 관계를 이어갈 수는 없을 것입니다. 아이를 존중하고 믿는 것은 믿을 만한 근거가 있을 때 믿는 것이 아니라 아이를 아무런 조건 없이 사랑하고 믿어 주는 것이지요. 쉽지는 않지만 이 의식이 인간이 현실적으로 도달할 수 있는 최고의 의식입니다. 그러면 아이는 자신이 받은 그대로 다른 사람을 신뢰하고 사랑하면서 공유하고 나누고자 합니다.

아들러는 육아와 교육의 목표를 공동체 감각의 육성이라고 보았습니다. 저도 전적으로 동의합니다. 다른 사람과의 이기고 지는 경쟁에서 자유롭고, 빼앗아야 얻는다는 마음이 아니라 함께 나누고 공유하면 우리 모두가 함께 얻는다는 마음을 가진 아이를 길러 내게 되는 것입니다. 그러기 위해서는 어린 시절부터 아이 스스로가 독립적으로 행동할 수 있는 기회를 주어야 합니다. 부모가 해야 할 것과 아이가 해야 할 것을 구별하고, 아이가 할 수 있는 것은 아이가 할 수 있도록 격려하고 지원함으로써 아이를 독립된 인격체로 길러 내는 것이 부모가 할 일입니다.

이 책의 핵심은 아이를 두려움이 아닌 사랑으로 키우라는 것입니다. 사례를 들어 구체적으로 설명되었기에 읽는 내내 흥미로웠고 그래서 다 읽고 난 후에 좀 더 책 분량이 많아 더 읽었으면 좋겠다는 아쉬움이 진하게 남네요.

최희수
(푸름이닷컴 대표, 『배려 깊은 사랑이 행복한 영재를 만든다』 저자)

# 차례

**· 아들러의 육아론 ·**

## 아이의 행동을 이해하자

**2**

· 아들러의 육아론 ·

# 아이를 야단치지 말자

**3**

· 아들러의 육아론 ·

# 아이를 칭찬하지 말자

**4**

· 아들러의 육아론 ·

# 아이에게 용기를 주자

5

· 아들러의 육아론 ·

# 아이가 자립할 수 있도록 도와주자

6

· 아들러의 육아론 ·
# 아이와 좋은 관계를 형성하자

# 서문

아들이 태어났을 때 나는 대학교에서 철학과 그리스어를 가르치고 있었다. 그 무렵에는 지금과 달리 비교적 시간을 자유롭게 쓸 수 있었기 때문에 7년 반 동안 아들과 그 뒤에 태어난 딸을 어린이집에 등하원시키는 일을 맡았다. 하지만 정황상 어쩌다가 내가 그 일을 할 수 있어서 한 일이었지 훗날 그 일로 인해 내 인생이 크게 변하리라고는 꿈에도 생각하지 못했다.

아이를 돌보는 일은 마냥 즐겁지만은 않다. 오히려 힘들 때가 더 많다. 아이들을 돌볼 때 내 생각대로 돌아가는 일은 하나도 없었던 것 같다.

아이가 어른이 바라는 순한 성품을 타고났다면 아이를 키우는 일은 그다지 힘들지 않을 것이다. 깨우지 않아도 아침 일찍 스스로 일어난다거나 학교에 지각하지 않는다거나 밤에도 부모가 일일이 말하지 않아도 숙제를 하고 일찍 잠자리에 든다거나 하는 식으로 말이다. 하지만 유감스럽게도 우리 앞에 있는 아이들은 그렇게 착하고 순하지 않다.

아이를 키우는 법을 따로 배우지 않아도 아무튼 어떻게든 될 거라고 생각했지만 아들이 두 돌이 되었을 때 나는 결국 두 손 두 발 다 들게 되었다. 그리고 친구에게 육아의 고충을 털어 놓았다. 그러자 그 친구는 알프레드 아들러의 책을 권해 주었다. 그것이 당시에는 별로 알려지지 않았던 아들러 심리학과의 만남이었다. 아들러는 프로이트, 융과 함께 활동한 정신의학자이며 세계 최초로 오스트리아 빈Wien에 아동상담소를 개설하는 등 카운슬링 활동에 주력하며 아이를 어른과 대등한 존재로 대하는 육아를 제창했다.

부모가 아이를 아무리 사랑해도 애정만으로는 아이를 잘 키울 수 없다. 자동차 운전에 비유하자면 면허를 따기 위해 운전 교습소에 등록해 운전하는 법을 배워야 하듯이 육아도 아이를 어떻게 대해야 하는지 배워야 한다. 자신의 부모가 자신을 어떻게 키웠는지 떠올리면 아이를 키울 수 있다는 생각은 맹장 수

술을 받은 적이 있으니 자기도 다른 사람을 수술할 수 있다는 생각과 다를 바 없다. 사실 초등학생 때 이후의 일이라면 모를까 조금만 생각해 보면 자신이 어렸을 때의 일은 아무것도 기억하지 못한다는 사실을 깨달을 것이다. 그러니 그 무렵 부모님이 자신을 어떻게 키워 주셨는지 알 턱이 없다.

이 책에서는 내가 아이들과 함께 지내면서 실제로 했던 일만 나온다. 육아는 분명 무척 힘든 일이다. 하지만 약간의 '요령'을 익히기만 하면 아이와의 일상이 확 달라질 것이다. 현재 아이를 키우느라 애쓰는 분들에게 이 책이 도움이 되길 바란다.


기시미 이치로

1

아들러의 육아론:

# 아이의 행동을
## 이해하자

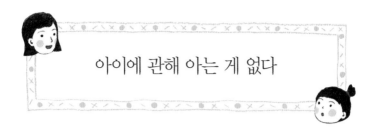

# 아이에 관해 아는 게 없다

### 육아는 모르는 일투성이

삼십 대에 나는 두 아이를 어린이집에 데려다 주고 데리고 오는 생활을 했다. 당연히 일도 해야 했기에 이렇게 낮에는 어린이집에 아이들을 맡기고 그 나머지 시간에 아이들과 함께 지냈는데 그때 뼈저리게 느낀 점이 있다. 바로 육아에 대해 내가 아무것도 모른다는 것이었다.

분유를 타거나 기저귀를 채우는 일은 처음에는 서툴렀지만 조금 연습하니 그런대로 할 수 있었다. 그래서 그 밖의 다른 일도 부모님이 나를 키우셨을 때를 떠올리면서 하면 어떻게 되리라고 생각했다.

그러나 기저귀를 채우는 법은 알고 있었지만 그뿐이었다. 아이가 밤에 울기 시작하거나 슈퍼마켓에서 장난감을 사달라며 울음을 터뜨릴 때는 어떻게 하면 좋을지 도무지 알 수가 없었다.

그런데 이런 경우에 어떻게 해야 할지 몰라서 책을 찾아 봤더니 어떤 책은 '야단치라'고 하고 어떤 책은 '야단치면 안 된다, 칭찬하라'고 했다. 어느 장단에 춤을 춰야 할지 모르는 채로 일단 아이를 야단쳐 보았지만 아이는 계속 울기만 했다. 그렇게 나는 추운 겨울밤에 젖병을 손에 쥔 채 어쩔 줄 몰라 했던 기억이 있다.

### 아들이 어린이집에서 사라졌다!

아들이 두 돌이 지난 어느 날이었다. 어린이집 선생님이 잠깐 눈을 뗀 사이에 아들이 갑자기 어린이집에서 사라졌다. 다행히 얼마 안 있어 어린이집으로부터 몇백 미터 떨어진 곳에서 어떤 사람이 아들을 보호하고 있는 것을 발견해 아무 일 없이 끝날 수 있었다. 그러나 나는 당시 아이가 '왜' 어린이집 밖으로 나갔는지 그 이유를 알 수 없었다.

아들러는 심리학자도 '왜'라는 물음에 여간해선 답하지 못한다고 했다. 뒤에 자세히 나오겠지만 그 물음이 얻고자 하는 답은 그 행동을 하게 된 '원인'이 아니라 그 행동의 '목적'이기 때문이다(39쪽). 이것은 질문의 대상이 자신이어도 마찬가지다. 다른

24

사람이 당신은 대체 무슨 목적으로 그렇게 행동했느냐고 물으면 보통은 곧바로 대답하지 못한다. 이렇게 자신에 대해서도 그런데 하물며 타인의 행동을 쉽게 이해할 수 있겠는가.

어린이집에서 사라지는 것과 같은 특별한 사건이 아니라 평소에 일어나는 일도 이유를 파악하기가 쉽지 않다. 예를 들어 아이가 아침에 어린이집에 가기 싫어할 경우 아무리 부모라도 대부분의 경우 아이가 왜 그런 행동을 하는지 그 이유를 알 수 없을 것이다.

그러나 이 '왜'를 알지 못하면 아무리 시간이 지나도 그때의 상황에 따라 닥치는 대로 대처하며 아이를 키울 수밖에 없다.

**정리**

- 아이가 '왜' 그런 행동을 했는지는 부모도 알지 못한다.
- 그러나 '왜'를 알지 못하면 아무리 시간이 지나도 임기응변식으로 대처할 수밖에 없다.

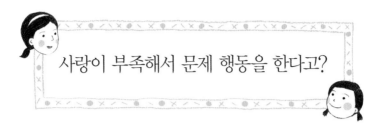

# 사랑이 부족해서 문제 행동을 한다고?

**사랑이 부족해서 그렇다는 결론은 아무 도움이 되지 않는다**

아이가 어떤 문제를 일으키면 사람들은 부모의 사랑이 부족해서라고 생각한다. 그렇다면 과연 어떻게 해야 사랑받고 싶은 아이의 욕구가 채워질까? 아이의 욕구가 채워질 수 있는 방법이 존재한다고 치고 그 방법을 실천하면 정말로 문제 행동을 하지 않게 될까? 아니, 애초에 사랑이 부족한 것이 아이가 문제 행동을 하는 진짜 원인이라고 어떻게 확신할 수 있을까?

**사랑이 부족한 부모는 없다**

사실 요즘 세상에 사랑을 못 받고 자라는 아이는 없다고 해도 과언이 아니다. 오히려 요즘 부모들을 보면 애정 과다 상태라고 할 수 있다. 즉 아이를 지나치게 사랑한다. 그런데 아이들을 보면 애정 결핍 상태라고 할 수 있다. 즉 사랑받고 있는데도 더 사랑해 달라고 요구한다.

내 아들은 한때 어린이집 선생님의 말을 잘 듣지 않았다. 선생님은 부모의 사랑이 부족하기 때문에 아이가 자신의 말을 듣지 않는다고 생각했다.

내가 "어떻게 하면 좋을까요?"라고 묻자 "아이를 꼭 안아 주세요"라는 답변이 돌아왔다. 그러면서 선생님은 "아이가 집에 오면 꼭 안아 주시나요?"라고 물었다. 그렇게 하기만 하면 아이가 문제를 일으키지 않을 거라니 참 쉬운 일이라고 생각하며 나는 "앞으로 그렇게 하겠습니다."라고 말했다. 그러자 그 선생님은 "아버님이 아니라 어머님이 안아 주셔야 합니다."라고 말하는 것이 아닌가. 그 말에 나는 깜짝 놀랐다.

내가 아이들을 어린이집에 등하원시켰던 무렵에는 요즘과 달리 어린이집에서 아버지의 모습을 보는 일 자체가 드물었으므로 신기해하는 눈길을 받기도 했다. 아이를 어린이집에 보내는 부모는 평소 충분히 아이와 함께 지내지 못하므로 그 아이는 사랑이 부족할 것이라는 생각은 잘못된 생각이다. 게다가 엄마가 직장을 다니거나 일을 하고 있어서 아이를 대하는 시간이 적은 것이 아이가 문제 행동을 일으키는 원인이라면, 사정이 있어서 아빠가 아이를 돌보는 가정에서 자라는 아이는 모두 문제아로 자란다는 말이 된다.

예를 들어 아이가 좀 더 큰 뒤, 학교에 가기 싫어한다고 하자. 그리고 누군가가 그 모습을 보고 유아기에 엄마와의 관계에 문제가 있어서, 또는 스킨십이 부족해서 그런 거라고 말했다고 하자. 그 말은 타임머신이 없으면 그 원인을 제거할 수 없으니 앞으로도 그런 사태가 쭉 계속될 것이라는 뜻이나 다름없다.

아이 문제로 상담을 하러 온 부모에게 과거의 일을 들먹이는 것은 무의미한 일이다. 정말 중요한 것은 '앞으로 어떻게 할 것인가'이다. 아이를 키우다가 벽에 부딪히는 부모는 육아에 관한 기술이 부족해서 그런 거지 나쁜 사람이어서가 아니다.

정리

- 아이가 문제 행동을 하는 원인은 부모의 사랑이 부족해서가 아니다.
- 육아로 고민하는 부모에게 과거의 일을 들먹이는 것은 아무 의미가 없다.
- 정말 중요한 것은 '앞으로 어떻게 할 것인가'이다.

이제
부터

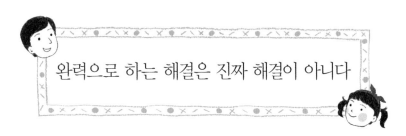

# 완력으로 하는 해결은 진짜 해결이 아니다

### 완력은 언젠가는 통하지 않는다

부모의 사랑이 부족해서 아이가 문제 행동을 한다고 생각하는 사람은 그 해결책으로 아이를 꼭 안아 주라고 한다.

그런데 또 다른 사람들은 완력으로 문제를 해결할 수 있다고 생각하기도 한다.

아이가 어린이집에 다녔을 무렵, 꽤 많은 아이가 지각을 하곤 했다. 그때 어린이집 선생님은 이렇게 말했다.

"중고생이라면 모를까, 어린아이는 억지로라도 끌고 올 수 있지 않나요? 아이가 지각하는 것은 부모님의 책임입니다."

당시 나는 아이를 자전거로 등하원시키고 있었다. 그런데 아이가 자전거에 타지 않으려고 몸을 있는 대로 뒤로 젖히며 거부할 때는 아무리 체구가 작아도 도저히 억지로 자전거에 태울 수 없었다.

어린아이도 이런데 중학생이나 고등학생인 아이를 완력으로 어떻게 하기란 더더욱 불가능하다. 실제로 그 나이 때의 아이를 체벌하는 사람은 별로 없을 것이다. 그렇지만 아이를 어떤 식으로든 야단쳐서 자신이 생각하는 방향으로 유도하려는 부모가 많다.

사실 그들은 그 방법이 별로 효과가 없다는 것을 이미 알고 있다. 그러나 완력을 쓰는 방법 대신 어떻게 하면 좋을지 알지 못하기 때문에 같은 일이 되풀이된다.


## 아이에게 반격당하지 않기 위하여

아이가 점점 자라면 어느 날 아이는 자신이 부모보다 더 힘이 세다는 사실을 알아차리게 된다. 그러면 아이는 그때까지 부모에게 당한 일을 그대로 부모에게 할 수도 있다.

부모가 육아에는 야단을 치는 것도 필요하다고 아주 약간이라도 생각하는 한, 이 세상에서 학대는 결코 없어지지 않을 것이다. 물론 야단치는 것과 학대하는 것은 다르다고 생각하는 사람도 있다. 그러나 야단치는 것과 때리는 것, 나아가 학대하는 것은 양적으로 다를 뿐이지 질적으로는 동일한 행위다.

부모는 그 어떤 식으로도 아이를 완력으로 억누르지 않고 키우는 방법을 배워야 한다. 그렇지 않으면 아이가 어리고 부모가 훨씬 힘이 세서 아이가 부모를 두려워하는 동안에는 아무 일도 일어나지 않겠지만, 부모가 자기보다 약하다고 생각하게 되면 반격을 가할 수도 있다. 또는 대놓고 반발하진 않아서 부모가 벌컥 화를 낼 일까지는 아니지만 뒷전에서 어딘지 모르게 아주 기분 나쁜 행동을 할 수도 있다. 실제로 어떤 아이는 부모가 자신을 때렸을 때 '두고 보자, 절대로 잊지 않겠어.'라고 생각했다고 한다. 일단 이런 상태가 되면 부모 자식 간의 관계는 여간해선 회복되지 않는다.

아이의 행동을 이해하는 것만으로는 충분하지 않다. 부모는 완력으로 아이를 통제하는 것이 어떤 의미인지도 충분히 이해하고 있어야 한다.

정리

- 완력으로 해결하려고 하면 같은 일이 반복될 뿐이다.
- 아이가 다 컸을 때 반격당하지 않기 위해서라도 아이를 완력으로 통제하는 것이 어떤 의미인지 이해해야 한다.

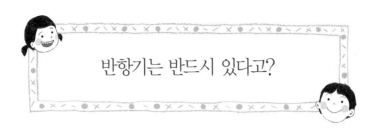

# 반항기는 반드시 있다고?

## 아무리 기다린들 반항기는 끝나지 않는다

사람들은 종종 "우리 아이는 지금 반항기야"라는 식으로 말한다. 하지만 이것은 사실이 아니다.

나는 예전에 초등학교에서 엄마들끼리 이런 대화를 하는 것을 들은 적이 있다.

"요즘 우리 아이는 부모가 하는 말을 도통 안 들어요."

"우리 애도 그래요. 하지만 이제 1년만 있으면 반항기가 끝날 테니까……"

이때 나는 대체 무슨 근거로 '이제 1년만 있으면'이라고 말하는지 이해할 수 없었다. 유감스럽게도 반항기는 특정 연령이 되면 끝나는 것이 아니다. 이른바 반항기가 그런 것이라면 부모는 아무것도 하지 않고 태풍이 지나가기를 기다리기만 하면 된다. 하지만 아무리 기다려도 부모에게 계속 반항하는 아이도 있다.

아이가 부모에게 반항하는 것은 부모가 아이보다 우월한 위치에서 아이에게 야단치거나 명령하거나 아이를 지배하려고 하기 때문이다. 이럴 경우 처음에는 부모에게 순종하던 아이도 결국은 부모의 불합리한 억압에 반항하게 된다.

### 아이를 반항하게 만드는 부모가 있을 뿐이다

하지만 어른이 아이들을 무리하게 억압하지 않는다면 아이도 부모에게 반항할 필요가 없어진다. 반항기라는 시기가 따로 있는 것이 아니라 아이를 반항하게끔 만드는 부모가 있는 것뿐이다. 다시 말해 부모가 아이를 반항하게끔 만드는 태도를 취하지 않으면 반항기는 아예 존재하지 않게 된다.

어떤 부모는 우리 아이는 반항기를 겪지 않았다고 걱정하기도 한다. 그러나 반항할 필요가 없도록 아이에게 대응했기 때문에 아이에게 반항기라고 할 만한 시기가 없었던 것이므로 전혀 걱정하지 않아도 된다.

다만 부모가 아이를 대할 때 '아이가 당연히 반항할 만한 식'으로 계속 대했는데도 아이가 그대로 받아들이며 따르기만 한다면 그것은 그것대로 문제가 있다. 물론 거칠게 반항해야 한다는 것은 아니다. 다만 아이가 부모에게 자신이 무엇을 원하지 않는지 정확하게 말로 주장할 줄 알아야 한다는 것이다. 그런데 사실은 먼저 부모가 그 방법을 알고 있어야 한다. 그러나 안타깝게도 앞서 보았듯이 부모도 아이가 어떤 문제를 일으키면 완력으로 억누르려 하기 때문에 당연히 아이도 같은 식으로 부모에게 반항하게 된다.

방금 말했듯이 반항기가 없는 것은 부모가 적절하게 대응했기 때문이다. 설령 어린 시절에 반항기가 없으면 문제가 있다는 견해가 사실이라고 하더라도 아이가 반항기가 없는 것은 지금 아이와의 관계를 잘 형성하는 일과는 아무 상관이 없는 일이다.

정리

- 아이가 부모에게 반항하는 것은 부모가 반항할 만한 행동을 하기 때문이다.
- 아이도 무작정 반항하지만 말고 부모가 해 주었으면 하는 일을 정확하게 말로 주장하는 법을 배워야 한다.

그래 그래.

내가 심은건요.

# 아이가 하는 행동의 목적을 파악하자

## '왜' 문제 행동을 하는지 파악한다

많은 부모가 자신들이 아이를 야단친다고 해서 아이의 행동이 개선되지는 않는다는 것을 이미 알고 있다. 그런데 그 점은 알고 있지만 야단치는 대신 어떻게 해야 하는지는 모른다. 어떻게 대처해야 하는지 알기 위해서는 우선 아이가 '왜' 문제 행동을 하는지부터 이해해야 한다. 그런데 부모가 아이에게 '왜' 그런 일을 하는 건지 물어 봐도 아이는 정확하게 대답하지 못한다. 물론 부모도 그 답을 알지 못한다.

아이가 문제 행동을 하는 목적은 남에게 '주목받기' 위해서다. 아이는 무시당하느니 차라리 야단맞는 편이 낫다고 생각한다. 그러므로 부모가 아이를 야단치는데도 아이가 그만두지 않고

문제 행동을 계속한다면, 야단치는데도 계속 문제를 일으키는 것이 아니라 사실은 야단치니까 문제를 계속 일으키는 것이다.

### 아이는 자신의 행동이 야단맞을 짓임을 알고 있다

아이는 부모에게 주목받고 싶어서 일부러 야단맞을 짓을 한다. 그러니 자신이 하는 행동이 부모에게 야단맞을 짓이라는 것을 모를 리가 없다.

그런데 아이가 처음부터 문제 행동을 하는 것은 아니다. 예를 들어 집에 돌아와 "다녀왔습니다."라고 했는데 아무도 그 말을 듣지 못했다고 하자. 그러면 아이는 자신이 집에 왔다는 것을 가족이 알 수 있도록 더 큰 목소리로 말할 것이다.

아이가 문제 행동을 할 때도 그와 비슷하다. 처음에는 어떤 아이든지 착하게 행동해서 부모에게 칭찬받으려고 한다. 그런데 아이가 적절한 행동을 할 때, 부모는 대부분 아무 생각 없이 그냥 지나친다. 그러면 아이는 어떻게든 부모가 자신을 쳐다보게 하기 위해 문제 행동을 시작한다.

그리고 문제 행동이라고 할 정도는 아니지만 부모가 가장 난처해 하는 일을 가장 난처한 때에 하는 경우가 있다. 그때 부모가 짜증이 나거나 정말로 화가 난다면 아이를 야단치게 될 것이다. 그러면 아이는 그렇게 함으로써 부모의 주목을 끄는 데 성공한다. 그것이야말로 바로 아이가 그런 행동을 하는 '행동의 목적'이다.

물론 아이는 야단을 맞고 싶은 것이 아니다. 하지만 야단맞는 것이 무시당하는 것보다는 훨씬 낫다고 생각하기에 아이는 점점 더 심하게 문제를 일으킨다.

아이가 하는 행동의 목적을 파악할 수 있으면 그 행동에 어떻게 대처하면 될지도 파악할 수 있다. 그럼 어떻게 대처하면 좋을지는 뒷장에서 알아보도록 하자(44쪽).

정리

- 아이가 문제 행동을 하는 것은 부모의 눈길을 끌기 위해서다.
- 행동의 목적을 파악할 수 있으면 대처 방법도 파악할 수 있다.

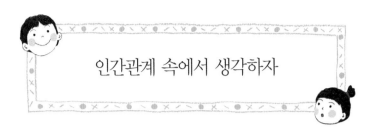

# 인간관계 속에서 생각하자

### 아이의 언행이 향하는 '상대역'은 누구인가

사람은 홀로 살지 않고 반드시 다른 사람과의 '사이[間]'에서 살아간다. 인간이라는 단어는 그런 뜻이다. 다른 사람이 존재해 야 비로소 사람은 '인간(人間)'이 되는 것이다.

아이뿐 아니라 나에게도 해당되는 일이 있다. 사람은 누구 앞에 있느냐에 따라서 성격이나 말과 행동이 미묘하게 또는 상당히 달라진다. 밖에서는 소심하면서 집에 들어오면 큰소리치는 사람을 가리켜 아랫목 장군이라고 하는데, 이처럼 안과 밖에서의 태도가 다른 것은 자신과 관계하는 사람이 다르기 때문이다.

**아이의 언행에는 반드시 그 언행이 향하는 '상대역'이 있다.** 이때 보통 그 상대역은 부모인 경우가 많으며 아이는 상대역으로

부터 어떤 식으로든 반응을 끌어내려고 한다.

예전에 아들이 어린이집 선생님의 말을 잘 듣지 않던 시기가 있었다. 선생님이 이야기를 시작하면 벽 쪽으로 몸을 돌린다는 것이었다. 이런 경우에 아이의 성격이나 가정 환경, 가정에서 부모가 아이를 대하는 방식 등에서 문제 행동의 원인을 찾으려고 하는 것은 소용없는 짓이다.

아이가 말을 듣지 않는 장소는 어린이집이고 그런 행동이 향한 '상대역'은 부모가 아니라 선생님이기 때문이다. 그런 관점으로 생각해야 일어난 일을 바르게 이해하고 이 일에 적절하게 대처할 수 있다.

### 상대역의 감정으로 행동의 목적이 무엇인지 파악한다

당사자인 아이에게 행동의 목적이 무엇인지 물어 볼 수도 있겠지만 많은 경우 그 목적은 무의식 속에 있으므로 '왜 그렇게 했니?'라고 물어 본들 아마 아이는 대답하지 못할 것이다. 또 아이가 너무 어리다면 아예 물어 볼 수조차 없다.

그럴 때는 아이에게 직접 물어 보는 대신 상대역이 어떻게 느꼈는지 물어 보면 아이가 한 행동의 목적이 무엇인지 파악할 수 있다. 나는 아이가 말을 듣지 않는다고 이야기한 선생님에게 그럴 때 어떤 느낌이 드는지 물었다. 그러자 선생님은 "짜증이 나

요."라고 대답했다. 나는 그 대답에서 아이가 그렇게 행동한 목적이 선생님이 자신에게 반응하게 하기 위해, 즉 주목을 끌기 위해서임을 알 수 있었다.

그날 밤, 나는 아들에게 선생님과 어떤 이야기를 했는지 들려주었다. 그러자 아들은 자신의 행동과 선생님의 대응에 관해 이렇게 한마디 했다.

"그건 선생님이 [내가 얌전히 듣고 있을 때는] 나를 제대로 보지 않아서 그래."

### 정리

- 아이의 문제 행동에는 반드시 그 행동이 향하는 '상대역'이 있다.
- 상대역의 감정을 알면 아이가 한 행동의 목적을 파악할 수 있으므로 적절하게 대처할 수 있다.

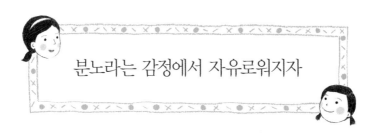

## 분노라는 감정에서 자유로워지자

### 그만 울컥해서 화내는 것이 아니다

아이를 야단칠 때 감정적이 되지 않기란 실제로는 불가능하지 않을까?

어떤 아이가 엉뚱한 짓을 해서 아이의 부모가 화를 냈다고 하자. 그러면 사람들은 평소에 침착하고 이성적인 부모도 아이가 엉뚱한 짓을 하면 저도 모르게 울컥해서 아이를 야단치기 마련이라고 생각한다.

이 경우 아이의 행동이 원인이 되어 분노에 사로잡힌 부모가 큰소리를 냈다는 것이 일반적인 설명이다. 다시 말해, 사실은 화내고 싶지 않았지만 분노에 사로잡혀 아이를 야단쳤다는 말이다. 자신은 원래 이렇게 감정적으로 야단치는 사람이 아니라고

생각하고픈 사람에게는 무척 편리한 설명이다.

그러나 아들러 심리학에서는 분노를 비롯한 각종 감정은 통제할 수 없는 것이 아니라고 생각한다. 사실은 분노라는 감정을 어떤 목적을 위해 사용하는 것이며 그 목적은 아이가 부모의 말을 듣게 하는 것이다. 실제로 아이를 야단치면 그 아이는 어쩔 수 없이 부모의 말을 듣는다.

자신의 감정을 목적을 이루기 위해 사용하는 것은 아이도 마찬가지다. 아이는 부모가 자신을 야단쳤을 때 울면 부모가 더는 자신을 책망하지 못한다는 점을 알고 있다. 이 경우 아이는 부모에게 야단을 맞아서 눈물을 흘렸다기보다는 '이제 그만 야단쳐요.'라고 부모에게 호소하기 위해 울었다고 생각하는 것이 합리적이다.

아이가 다른 사람이 있는 곳에서 울고불고하는 것도 마찬가지다. 아이가 장난감이나 과자를 사 달라고 소리 지르며 발을 동동 구르면 대체로 부모는 아이의 요구에 굴복하고 말기 때문이다.

## 적절한 방법을 알면 감정에서 자유로워질 수 있다

그러나 분노를 예로 들자면, 부모는 아이가 무엇인가를 하거나 하지 않기를 원할 때 분노라는 감정을 사용할 필요가 없다.

또한 아이도 화내거나 울지 않아도 된다.

이것은 화를 내지 않겠다고 결심하라는 말이 아니다. 어떻게 하면 좋을지 이제부터 살펴보겠지만(79쪽), 간단히 말하자면 자신이 어떤 목적으로 분노라는 감정을 사용하고 있는지 인식하고 그 목적을 더 쉽게 달성할 수 있는 다른 방법을 모색해야 한다는 의미이다. 그 방법을 알게 되어 실천하다 보면 얼마 안 가 아이를 대할 때 '분노라는 감정을 예전처럼 자주 쓰지 않게 되었구나' 하고 깨달을 것이다. 아이가 순순히 부모의 말에 수긍하고 행동을 수정하는 모습을 보게 되면, 효과는 별로 없고 기운만 빼면서 싸움으로 번질 수도 있는 분노라는 감정을 사용할 필요가 없어지기 때문이다.

정리

- 분노 등의 감정은 통제할 수 없는 것이 아니다.
- 그런 감정은 아이가 말을 듣게 하려는 목적을 위해 사용하는 것이다.

### 어린이집 마지막 날

## "지난 7년 반만큼 행복한 시절은 두 번 다시 오지 않겠지."

나는 더 이상 아이들을 어린이집에 등하원시키지 않아도 되던 날을 잘 기억하고 있다. 그날 아침, 딸을 어린이집에 데려다 주고 집으로 돌아가는데 딸을 뒷좌석에 태우지 않은 자전거가 평소보다 훨씬 가볍게 느껴졌다. 문득 '아이를 등하원시키는 것도 오늘이 마지막이구나'라는 생각이 드는 동시에 '지난 7년 반 동안, 살아 있어서 다행이라고 느낄 정도로 행복했어. 이제 그렇게 행복한 시절은 두 번 다시 오지 않겠지.'라고 확신했다.

아들러의 육아론:

# 아이를
# 야단치지 말자

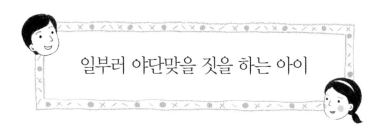

# 일부러 야단맞을 짓을 하는 아이

## 처음부터 야단맞을 짓을 하진 않는다

1장에서도 말했듯이(41쪽), 아이는 처음부터 부모에게 야단맞을 짓을 하진 않는다. 오히려 처음에는 칭찬받을 수 있는 일을 한다. 그런데 부모가 이를 알아차리지 못하면 그때부터 부모가 짜증 낼 만한 일을 한다. 다만 그때도 짜증이 많이 난 부모가 말이나 행동으로 야단치기 직전에 아이가 그 행동을 중단하는 경우가 대부분이다. 그래서 결국 부모는 자기도 모르게 쓴웃음을 짓고 만다.

예를 들어 아이에게 동생이 생겼을 때 부모는 보통 첫째 아이에게 "너는 오늘부터 형(누나)이니까 네가 할 수 있는 일은 스스로 하렴"이라고 한다. 그러면 아이는 그렇게 하려고 노력한다. 여태까지 부모와 함께 자던 아이도 "혼자서 잘게."라고 하기도 하고 화장실도 혼자 가려고 시도한다. 심지어 집안일로 바쁜 부모 대신 동생을 보살펴 주기도 한다.

그러나 부모는 때때로 첫째 아이의 행동을 못마땅하게 생각한다. 가령 첫째 아이가 동생을 울리기라도 하면 부모는 첫째 아이를 야단친다. 그러면 아이는 곧바로 방침을 바꾼다. **소위 '퇴행'이라는 행동을 해서 예전보다 부모의 손길을 훨씬 많이 요구하는 것이다.**

## 주목받기 위해 일부러 야단맞는다

자신이 하는 일은 항상 부모나 다른 사람의 주목을 받아야 한다고 생각하는 아이에게는 문제가 있다. 예를 들어 동생이 생긴 아이의 경우를 살펴보자. 첫째 아이는 지금까지 부모의 애정이나 주목, 관심을 독차지했다. 그런데 어느 날 동생이 태어나고 부모는 첫째 아이에게 '지금껏 그랬듯이 너도 변함없이 사랑할 거야'라고 말해 준다. 그러나 실제로는 동생에게 부모의 손길이 더 많이 가기 마련이다. 그로 인해 '왕좌에서 굴러떨어졌다'고 생각한 첫째 아이는 빼앗긴 왕좌를 탈환하려고 애쓰는 것이다. 이렇게 주목받고 싶다는 생각에 어떤 문제가 있는지는 뒷장에서 알아보자. 비단 첫째 아이가 아니라도 아이는 언제나 부모의 주

목을 받고 싶어 하기 마련이다. 그러나 부모가 항상 아이를 주목할 수는 없는 노릇이다.

그러면 아이는 야단맞는 식으로라도 주목받길 바라게 된다. 그리고 그렇게 생각하며 하는 아이의 행동을 부모가 주목하면 그게 어떤 형태든 간에 아이는 부모에게 주목받는 데 성공한 셈이다. 그런데 만약 부모가 그래도 아이를 주목하지 않으면 아이는 부모가 절대로 무시할 수 없을 만한 행동을 해서 주목받으려고 한다. 즉 부모를 화나게 하는 행동을 하기 시작한다.

이런 경우 아이는 자신이 하는 일이 부모에게 야단맞을 짓이라는 것을 알고 하기 때문에 부모가 아무리 심하게 야단쳐도 문제 행동을 그만두지 않는다. 야단치는데도 문제 행동을 멈추지 않는 것이 아니라 야단치기 때문에 아이는 문제 행동을 멈추지 않는 것이다.

정리

- 아이는 부모에게 주목받기 위해 일부러 야단맞을 짓을 한다.
- 아무리 심하게 야단쳐도 아이는 문제 행동을 멈추지 않는다.
- 오히려 야단치기 때문에 문제 행동을 멈추지 않는 것이다.

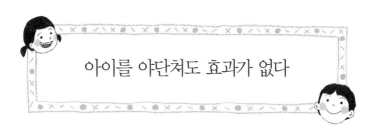

# 아이를 야단쳐도 효과가 없다

### 즉효성은 있지만 문제 행동은 계속된다

아이가 말을 듣지 않으면 부모는 아이를 야단친다. 이렇게 큰소리로 야단을 맞으면 아이는 부모가 무서워서 문제 행동을 멈춘다. 그런 의미에서 야단치는 행위에는 즉효성이 있다고 할 수 있다.

그러나 야단치는 것은 부모가 생각하는 만큼의 효과는 없다. 많은 경우 그 뒤에도 같은 일이 몇 번이고 반복되기 때문이다. 만약 야단치는 것이 효과적인 방법이라면 일단 부모가 아이를 야단치면 그 아이는 다시는 동일한 문제 행동을 하지 않아야 맞다. 하지만 아무리 심하게 야단을 쳐도 똑같은 일이 계속 반복된다면 야단치는 방법이 아이의 문제 행동을 멈추게 하는 방법으로써는 효과가 없으니 다른 방법을 찾아야겠다고 생각해야 한다. 더 심하게 야단치면 아이가 문제 행동을 그만둘 것이라는 생각보다 그 편이 훨씬 논리적이다.

그럼에도 부모는 아이를 야단치는 것을 그만두지 못한다. 야단을 좀 치면 아이가 마음을 바꿔서, 예를 들어 아침에 일찍 일어나거나 공부를 열심히 하게 되지는 않을까 하는 희망을 버리지 못하기 때문이다.

### 그래도 야단맞고 싶은 아이

아주 어린아이라면 자신이 하는 행동이 부모에게 야단맞을 짓임을 모를 수도 있다. 그러나 앞서 보았듯이 아이는 조금만 커도 자신이 이러이러하게 굴면 부모님이 야단칠 것임을 알고 있다. 그러면서도 일부러 야단맞을 짓을 하는 것이다.

그렇게 하는 이유는 야단맞을 짓이라도 하지 않으면 부모가 자신을 보아 주지 않을 것이라고 생각하기 때문이다. 실제로 부모는 아이가 적절한 행동을 하면 당연하게 여기고 별다른 눈길을 주지 않는 경향이 있다.

부모는 아이의 모든 적절한 행동에 주목하진 않는다. 자신이 생각하기에 아이가 특별히 뛰어난 행동을 했을 때만 주목하는 것이다. 학교에서 돌아오면 자리보전한 할머니를 보살피던 한 초등학생이 있었다. 나는 그 아이의 어머니에게 "아이가 할머니

를 잘 보살펴 드리는군요."라고 말했다. 그러자 그 어머니는 냉정한 어조로 이렇게 대답했다.

"하지만 쟤는 공부를 안 해요."

그 아이는 낮에 일을 하는 부모님 대신 방과 후에는 당연히 자신이 할머니를 간호해야 한다고 생각했다. 부모에게 칭찬받기 위해서 한 일은 아니었다. 그런데 만약 그 아이가 부모에게 칭찬받고 싶다는 생각으로 할머니를 간호했다면 어떻게 되었을까? 부모에게 그 일을 주목받지 못하기 때문에 부모가 싫어할 만한 행동을 했을지도 모를 일이다.

적절한 행동을 해도 부모에게 주목받지 못하는 아이는 부모가 난처해 하는 일을, 그것도 가장 난처한 시점에 한다. 그래서 부모가 그 아이를 야단치면 아이는 주목받는 데 성공했다고 생각하고 그 뒤로도 야단맞을 짓을 계속해서 한다.

정리

- 부모는 아이가 적절한 행동을 해도 당연하다고 생각할 뿐 특별히 주목하지 않는다.
- 그러면 아이는 부모에게 주목받기 위해 문제 행동을 하기도 한다.

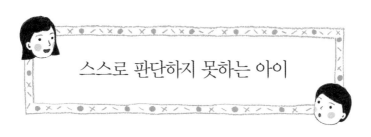

# 스스로 판단하지 못하는 아이

### 어른의 눈치를 본다

아이를 야단치면 그 아이는 어른의 눈치를 보게 된다. 예를 들어 아이들은 무서운 선생님 앞에서는 잡담을 하지 않고 등을 쭉 펴고 바른 자세로 꼼짝도 하지 않고 선생님의 이야기에 귀를 기울일 것이다.

그런데 어느 날 그 선생님이 급한 일이 생겨서 학교를 쉬게 되어 다른 선생님이 교실에 대신 들어왔다고 하자. 그 선생님은 큰소리로 학생들을 야단치지 않는 사람이었다. 그 선생님이 교단에 서자 아이들은 얌전히 수업을 듣지 않았고 결국 수습이 안될 정도로 반 분위기가 엉망이 되었다. 이런 일이 일어나는 것은 그 선생님에게 교사로서의 역량이 없기 때문이 아니다. 항상

힘으로 억누르는 선생님만 접하던 아이들은 야단치지 않는 어른을 보면 '이 선생님은 우리를 야단치지 않는구나'라며 얕잡아 보기 때문이다. 나는 아이들이 이렇게 어른의 눈치를 봐 가면서 태도를 바꾸는 사람으로 자라지 않기를 바란다.

야단을 많이 맞으며 자란 아이는 이것이 야단맞을 일인지 아닌지만 생각한다. 또 야단만 안 맞으면 뭐든지 해도 괜찮다고 생각한다. 결국에는 자신의 행동이 적절한지 아닌지를 스스로 판단하지 못하게 되는 경우도 있다.

### 남이 자신을 어떻게 볼 것인지만 생각한다

야단맞을지 맞지 않을지만 신경 쓰다 보면 야단맞을까 봐 두려운 나머지 다른 사람이 어떻게 생각할지만 신경 쓰게 된다.

예를 들어 지하철에서 내 앞에 서 있는 어르신에게 자리를 양보해야 하는지 망설여질 때가 있다. 이때 '자리를 양보했는데 아직 양보받을 나이가 아니라는 말을 들으면 무안해서 어쩌나' 하고 계속 망설이다 보면 결국 자리를 양보할 기회를 놓치고 만다. 그런데 중요한 것은 자리를 양보했더니 오히려 상대가 화를 내더라도 자신이 그 상황에서 어떻게 해야 할지 스스로 판단해서 행동한다는 점이다.

부모에게 야단맞으며 자란 아이는 소극적으로 변한다. 그러면 적극적으로 뭔가를 하려고 하지 않게 된다. 또 사실은 하고 싶지 않지만 남에게 맞추기 위해 할 수 없이 어떤 일을 하기도 하고 다른 사람이 틀렸는데도 그것을 지적하지 않기도 한다.

감쪽같이 속일 수 있으리라고 생각했던 부정행위가 발각되어 기자 회견장에서 고개 숙여 사죄하는 사람을 본 적이 있을 것이다. 정말 보기 흉한 모습이다. 마치 부모에게 야단맞을까 봐 책임질 일을 피하기 위해 자신의 실수(또는 실패)를 감추려는 아이처럼 보인다. 우리 아이들은 그런 어른이 되지 않기를 바란다.

정리

- 야단맞으며 자란 아이는 야단맞을까 봐 무서워서 소극적으로 변하며, 자신의 행동이 옳은지 스스로 판단하지 못하게 된다.

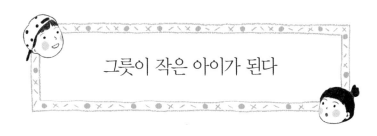

# 그릇이 작은 아이가 된다

### 착한 아이가 되긴 했지만

부모가 아이를 심하게 야단치면 아이는 야단맞을 짓을 하지 않게 되어 '착한 아이'가 될 수도 있다. 그러나 실패나 실수를 두려워하지 않고 자신의 판단하에 옳다고 생각하는 일을 적극적으로 하는 아이가 되지는 않는다.

### 먼저 큰 꽃을 활짝 피우게 하자

틀에 박힌 아이로 자라게 하는 것은 좋지 않다. 약간 틀에서 삐져나왔다 해도 일단은 큰 꽃을 활짝 피우게 해야 한다. 그 뒤 혹시 필요하다면 꽃 아래에 있는 잡초를 뽑아 주면 되지 않을까?

그런데 사실은 잡초를 뽑아 줄 필요도 없다. 사람은 누구나 모가 난 부분을 많이 지니고 살아간다. 그런데 그 툭 튀어나온 부분을 교정해 주려고 하다 보면 원래는 그릇이 큰 아이도 그릇의 한 귀퉁이도 차지하지 못할 정도로 작아진다. 물론 부모는 툭 튀어나온 부분, 즉 모가 난 부분을 아이의 단점이라고 생각하고 아이 자신도 그렇게 생각할 수도 있다. 하지만 그 부분이 진짜로 단점이라고 확신할 수 있을까?

아이의 행동에 대해서도 같은 말을 할 수 있다. 야단맞으며 자라서 제 힘으로는 아무것도 생각하지 못하는 소극적인 아이에게 적극적이 되라고 가르치기보다는 적극적인 아이에게 행동을 조금만 자제하라고 가르치는 편이 더 수월할 것이다. 에너지의 방향을 바꾸기는 쉬워도 원래 에너지가 없는 아이에게 에너지를 내게 하는 단계부터 가르치기란 무척 힘든 일이기 때문이다.

### 비판당하면 소극적이 된다

어른이 아이의 부족한 점이나 실패한 부분을 지적하면 비록 야단칠 의도가 없다 해도 아이는 비판당했다고 느낀다. 물론 부모로서는 지식과 경험이 부족한 아이를 올바르게 이끌어 주려고 한 행동이다. 그러나 실상을 보면 차분하게 아이가 모르는 점을 가르쳐 주기보다는 화가 묻어 있는 어조로 말하기 쉽다.

그렇게 되면 비판당했다고 느낀 아이는 부모가 자기 마음을 몰라 준다고 생각하거나 이렇게 비판당하느니 차라리 아무것도 하지 말자고 생각하게 되어 야단맞은 아이의 경우처럼 소극적으로 변한다. 예를 들어 아이가 집안일을 도왔다고 하자. 이때 두 번 손이 가는 것이 싫어서 아이가 잘못한 점을 비판하는 부모가 있다. 그러나 실패하지 않으려고 소극적으로 행동하는 아이보다 적극적으로 행동하다가 실패하는 아이가 훨씬 많은 것을 배울 수 있다.

정리

- 아이의 적극성을 중요시하고, 우선 큰 꽃을 활짝 피울 수 있게 도와주자.
- 소극적인 아이보다 적극적으로 행동하다가 실패하는 아이가 더 많은 것을 배운다.

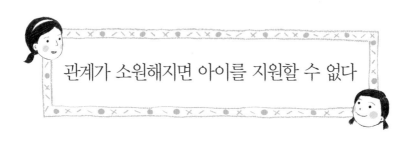

# 관계가 소원해지면 아이를 지원할 수 없다

### 분노는 사람 사이를 갈라놓는다

아이는 자신을 야단치는 사람을 좋아할 수 없다.

자신이 어렸을 때를 떠올려 보면 동네에 무서운 아저씨가 한 명쯤은 있었을 것이다. 직장에서는 어떤가? 부하 직원이 실수를 하면 무섭게 야단치는 상사들이 몇 명은 있기 마련이다.

그런데 과연 이렇게 자신을 야단친 사람을 좋아할 수 있을까? 아마 많은 사람이 그렇지 못할 것이다. 망원경에 비유하자면 망원경을 반대쪽에서 들여다보는 느낌이다. 분명히 가까운 곳에 있는 사람인데 굉장히 멀어 보인다.

어떤 사람을 야단치면 그 사람과 거리가 생긴다. 아들러는 분노란 사람과 사람 사이를 갈라놓는 감정이라고 했다. 이렇게 거

리가 멀어지면 아이를 지원해 줄 수 없다. 그런데 부모는 아이를 야단치고 그렇게 함으로써 자신과 아이와의 관계를 멀어지게 한 다음에 아이를 지원해 주려고 한다. 하지만 그것은 불가능하다. 가까운 관계인 사람이 어떤 말을 하면 아이는 그 말을 귀담아 듣는다. 하지만 관계가 먼 사람이라면 그 사람이 아무리 옳은 말을 해도, 아니 옳은 말을 하기에 아이는 그 사람이 하는 말을 더 들으려 하지 않는다. 아이를 지원하려면 아이와 가까워져야 하는데 아이를 야단치면 그 아이와의 거리가 멀어지므로 아이를 지원한다는 목적을 달성하지 못하게 되는 것이다.

### 아이를 대등하게 보지 않는다

아이를 야단치는 부모는 백이면 백 아이를 자신보다 아래에 있는 존재라고 여긴다. 만약 자신과 아이가 대등한 수평 관계라고 생각한다면 아이를 야단칠 수 없다. 대등한 수평 관계가 무엇인지에 대해서는 뒤에서 살펴보겠지만(115쪽), 어른이 아이를 대등하게 보지 않기에 아이를 야단치거나 모욕하는 말을 하는 것이다. 어른끼리라면 상대에게 어떤 점을 고치라고 요구할 수는 있어도 다짜고짜 야단칠 수는 없을 것이다.

훗날 일본 스모의 최고 등급인 요코즈나[横綱]까지 올랐던 어떤 스모 선수가 요코즈나보다 한 등급 아래인 오제키[大関]를 차지했을 때 인터뷰에서 이렇게 말했다.

"오늘의 제가 있게 된 것은 저를 죽도로 때려서 가르쳐 주신 스승님 덕분입니다."

그러나 그 선수는 죽도로 맞아서 실력이 는 것이 아니다. 죽도로 맞지 않았다면 더 빨리 실력이 늘었으리라는 게 진실이 아닐까? 사람은 야단을 맞으면 위축이 되고, 좋은 결과를 내는 것에만 집중하게 되므로 그것이 운동이든 공부든 즐겁게 할 수 없기 때문이다. 지도자가 야단치지 않고, 말로 개선해야 할 점을 설명해도 누구나 실력을 쌓을 수 있다.

정리

- 아이는 자신을 야단치는 사람을 좋아할 수 없다.
- 아이를 야단치면 그 아이와의 거리가 멀어지게 되므로 아무리 옳은 말을 해도 아이가 말을 듣지 않는다. 그래서 결국 아이를 지원해 줄 수도 없다.

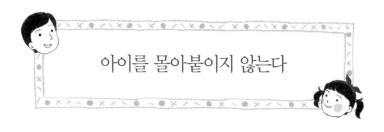

## 아이를 몰아붙이지 않는다

### 끝까지 몰아붙이면 아이는 뒤로 물러설 수 없게 된다

부모는 자신이 옳고 아이가 틀렸다고 생각하며 아이를 야단친다. 그러나 사실 부모는 아이를 야단침으로써 아이에게 싸움을 걸고 있는 것이다. 그런데 앞서 살펴보았듯이 아이는 자신이 한 일이 부모에게 야단맞을 짓임을 당연히 알고 있다. 이 상황에서 아이가 부모의 말에 수긍하면 부모가 옳다는 것을 인정하고 부모와의 싸움에서 패배하는 셈이 된다.

그러므로 아이를 끝까지 몰아붙이면 아이는 자신이 잘못했다고 죽어도 인정하지 않을 뿐더러 행동을 고치려고도 하지 않는다. 그런 일이 생기지 않도록, 즉 아이가 자신이 한 일이 잘못되었음을 깨닫고 행동을 수정하려고 할 때 부모에게 졌다고 생각하지 않도록 부모는 아이에게 도망갈 여지를 남겨 줘야 한다.

## 부모에게 진 아이는 복수를 시도한다

아이가 자신을 야단치는 부모에게 대놓고 반항하는 것이 차라리 낫다. 만약 부모에게 야단맞으며 자란 것을 아이가 원망한다고 해도, 이미 대놓고 반항하며 푼 상태이기 때문에 [억눌린 상태로 남지 않았기 때문에] 자신이 부모가 되었을 때 부모에게 당한 일을 자신의 아이에게 하려고 생각하지 않기 때문이다.

물론 아이와 싸움을 해서 부모가 지는 게 바람직한 일은 아니다. 그러나 만약 부모가 아이를 이기면 그 아이는 더 이상 부모 앞에서 대놓고 문제를 일으켜서 부모의 화를 돋우지는 않는다. 그 대신 뒷전에서 부모의 마음이 상할 만한 일을 하기 시작한다. 부모에게 복수하려는 생각에서다.

일이 이렇게 되면 이해관계가 없는 제삼자가 개입하지 않는 한 부모 자식 간의 관계가 개선되기는 힘들다. 그런데 사실 부모는 여간해서는 자신이 옳다는 생각에서 벗어나지 못한다. 그러나 아이에게 지는 한이 있더라도 관계가 호전되는 것을 선택하는 것이 현명한 행동이다.

### 야단맞아서 자신감을 잃는 것이 아니다

아이는 야단을 맞으면 자존감이나 자신감을 상실한다. 부모는 아이를 꾸짖어서 분발하게 하면, 예를 들어 공부를 열심히 하라고 꾸짖으면 아이가 공부를 열심히 할 거라고 생각하지만 실제로 야단맞은 아이는 점점 더 공부를 안 하게 된다.

그런데 여기서 한 가지 짚고 넘어갈 문제가 있다. 바로 '부모에게 야단을 맞아서 자신감을 상실한 결과 아무것도 하지 않게 되었다'는 것은 진실이 아니라는 점이다. 학생이 해야 하는 과제 중 하나인 공부에 좌절한 아이는 결국 공부에 손을 놓아 버릴 수도 있다. 하지만 그것은 자신감을 잃었기 때문이 아니다. 그런 아이는 부모에게 야단맞은 것을 자신이 해야 하는 과제를 하지 않기 위한 이유로 삼은 것이다. 그러므로 부모는 아이의 도발에 넘어가 아이를 야단치지 말아야 한다.

정리

- 아이를 끝까지 몰아붙이지 말고 도망갈 여지를 남겨 주자.
- 야단맞은 아이는 그것을 이유로 삼아 자신의 과제를 수행하지 않는다.

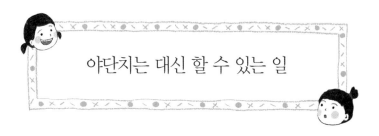

# 야단치는 대신 할 수 있는 일

**어떻게 하면 좋은지 모르면 똑같은 일이 반복된다**

아이에게 부모가 너무 무서운 존재면 부모에게 주목받기 위해 하는 행동, 즉 알면서도 잘못하는 일을 그만둘 수도 있다. 그런데 자신이 지금 야단맞을 짓을 하고 있음을 알지만, 또는 자신이 어떤 행동을 했더니 부모에게 야단을 맞고 자신이 한 일이 좋지 않은 일이라는 것을 알게 되었지만 어떻게 하는 게 적절한 것인지 여전히 모르는 상태라면 어떨까? 그것을 알지 못하는 한 아이는 행동을 개선할 수 없다.

가령 아이 엄마가 아이와 함께 자신의 친구를 만나는 경우를 생각해 보자. 그때 아이는 낯가림을 해서 고개를 돌리거나 어쩔 줄 모르며 몸을 배배 꼬거나 "안녕"이라고 반말로 인사를 하기도 한다. 그러면 어떤 엄마는 나중에 "왜 어른한테 인사도 제대로 하지 못하니"라며 아이를 야단친다. 그러나 야단만 치고 어떻게 하면 좋은지, 뭐라고 하면 좋은지 가르쳐 주지 않으면 똑같은 일이 반복될 뿐이다.

## 부탁하는 법을 가르쳐 주자

한편 아이도 자신이 원하는 일을 부모에게 전달할 때 감정적으로 행동하는 방법 외에 다른 방법이 있다는 것을 알게 되면 행동이 반드시 바뀐다.

어린이집을 마친 아이와 함께 집으로 돌아가는 길에 슈퍼마켓에 들러 장을 볼 때 있었던 일이다. 아이가 장난감이나 과자 코너에서 울면서 사 달라고 떼를 썼다. 그때 나는 아이에게 이렇게 말했다.

"그렇게 울지 말고 말로 부탁해 볼래?"

그러자 아이가 울음을 그치고 이렇게 말했다.

"저 과자를 사 주면 정말 좋겠어."

나는 선뜻 그 과자를 사 주었다. 사실 부모는 아이가 요구하는 내용이 아니라 요구하는 방법이 싫은 것이다. 그렇다면 부탁하는 적절한 방법을 가르쳐 주면 된다.

또 어린이집 선생님이 이런 이야기를 한 적이 있다. 아들이 세 살 때, 같은 반 친구가 선생님에게 "걸레!"라고 말했다. 그러자 아들이 그 친구에게 "걸레라고만 하면 무슨 말인지 모르잖아. '걸레를 주면 좋겠어요'라고 해야지."라고 말했다고 한다.

'~해 주실래요?' 또는 '~해 주면 좋겠어요'라는 식으로 의문문이나 가정문을 사용해서 상대방이 거절할 여지를 남기는 것이 핵심 포인트다. 명령형인 '~해' 또는 '~하세요'라는 말은 상대방에게 거절할 여지를 주지 않는다. 그러면 '싫다'고 말하지 못하는 그 사람은 감정적으로 반발하게 된다. 한편 어른도 아이에게 부탁하는 방식으로 말해야 한다. 왜냐하면 아이와 어른은 대등한 관계이므로 아이에게 명령할 권리가 없기 때문이다. 이에 대해서는 뒤에서 살펴보겠다(115쪽).

**정리**

- 아이의 행동을 개선하려면 야단치지 말고 어떻게 하면 좋은지를 가르쳐 주어야 한다.
- 아이에게 원하는 바를 말할 때도 명령이 아니라 '~해 주면 좋겠어.'라고 말하여 아이가 거절할 여지를 남겨 주자.

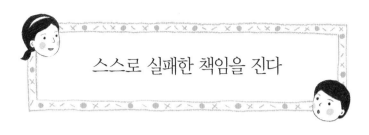

# 스스로 실패한 책임을 진다

### 원래 상태로 돌려놓는다

아들이 두 살 때 우유를 컵에 담아서 걸어 다니며 마신 적이 있었다. 두 살이니까 아직 똑바로 걷지 못해서 이제 어떤 일이 일어날지 쉽게 예상되었다. 하지만 나는 야단치지 않았다. 그때까지는 아무 일도 일어나지 않았기 때문이다. 잠자코 보고 있었더니 아니나 다를까 우유를 엎질렀다. 자, 이럴 때는 어떻게 대처하면 좋을까?

부모들에게 이 이야기를 하며 어떻게 하겠냐고 질문하면 상당수가 '닦아야죠.'라고 대답한다. '누가?'라고 재차 물으면 '부모'라고 대답한다. 그러나 아이가 엎지른 우유를 부모가 대신 닦는다면 아이가 뭘 배울 수 있을까? 아이는 자기가 무엇을 해도 부모가 그 책임을 대신 져 줄 거라고 배울 것이다.

그때 나는 아이에게 물어 봤다.

"어떻게 하면 되는지 알고 있니?"

아이가 모른다고 하면 가르쳐 줄 생각이었다. 그러자 아이는 "걸레로 닦아."라고 했다.

"그래, 그럼 닦아 보렴."

우유를 엎지른 것은 악의가 있어서가 아니라 단순한 실수다. 아마도 쏟을 줄 몰랐을 것이다. 이럴 때 야단치면 아이는 그저 위축될 뿐이며 그때 배워야 하는 가장 중요한 것을 배우지 못한다.

### 같은 실수를 하지 않기 위해

다만 같은 실수를 두세 번 반복하는 것은 바람직하지 않다. 그때 나는 "이제부터 우유를 엎지르지 않고 마시려면 어떻게 해야 할까?"라고 물었다. 모른다고 하면 가르쳐 줄 생각이었다. 아이는 잠시 생각하다가 "이제부터 앉아서 마실 거야."라고 대답했다. 정답이었다.

이 과정을 찬찬히 되짚어 보자. 나는 한 번도 아이를 야단치지 않았다. 악의를 가지고 일부러 한 일이 아니기 때문에, 아이가 실수를 통해 이런 상황에는 어떻게 하면 좋을지 배울 수 있다면 아이를 야단칠 필요가 없다. 먼저 최대한 원래 상태(상황)

로 돌려놓는다. 그리고 앞으로 같은 실수를 하지 않게끔 대화를 나눈다. 이 두 가지를 하면 아이를 야단칠 필요가 없다.

## 사과한다

아이가 사과해야 하는 경우도 있다. 예를 들어 형제끼리 싸우다가 한 아이가 다쳤을 경우다. 이럴 때는 상처를 입힌 아이가 사과해야 한다.

참고로 이 경우에 어떻게 하면 '최대한 원래 상태로 돌려놓는 것'이 될까? 상처가 가볍다면 아이를 치료해 주면 된다. 만약 아이가 크게 다쳤다면 병원에 가서 치료를 받도록 하자. 그때 다친 아이의 손을 꼭 잡고 아이를 격려해 주면 된다.

정리

- 악의로 한 실수가 아니라면 야단치지 않는다.
- 가능한 한 원래 상태로 되돌려 놓고 같은 실수를 되풀이하지 않도록 대화를 나눈다.
- 다만 실수의 내용에 따라서는 아이가 사과해야 하는 경우도 있다.

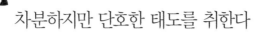

# 차분하지만 단호한 태도를 취한다

## 위압적인 태도

육아와 교육을 할 때 야단치는 행위는 전혀 필요하지 않다. 그러나 아이가 하는 일을 내버려 둘 수 없을 때는, 예를 들어 지하철에서 큰소리로 떠들어 남에게 피해를 줄 때는 '그렇게 하면 안 된다'고 알려 줘야 한다. 하지만 그럴 때도 차분하지만 단호한 태도로 아이를 대하면 될 뿐, 위압적인 태도를 취할 필요는 없다.

위압적인 태도를 취하는 사람은 반드시 분노라는 감정을 품고 큰소리를 낸다. 그리고 이렇게 위압적인 태도를 취하는 사람은 분노의 칼끝을 상대방에게만 향하지 않고 이리저리 휘두르기 때문에 주변 사람들은 마치 자신에게 화를 내는 것 같이 느끼게 된다.

## 차분하지만 단호한 태도

반면, 차분하지만 단호한 태도는 그 단호함이 주의를 주는 사람에게만 전달되므로 주변 사람들은 편하게 있을 수 있다. 예전에 급행열차에 무임승차해 이리저리 옮겨 다니는 사람을 본 적이 있다. 차장은 그 사람에게 시종일관 차분하게 이렇게 말했다.

"다른 승객 분들에게 피해를 끼치고 계십니다. 이 열차에서 내려 주십시오."

마른침을 삼키며 지켜보던 다른 승객들은 용감하게 대처하는 그 모습에 감탄했다. 차장을 무섭다고 생각하기는커녕 여대생들은 "우와, 멋있다!" 하고 환호성을 질렀다.

그런데 상대가 너무 어려서 자신이 하는 행동의 의미를 모르는 경우에는 차분하면서 단호한 태도 같은 것도 필요 없다. 평소와 다름없는 태도로 문제 행동을 그만두도록 말로 타이르면 된다.

가령 지하철에서 어린아이가 조용히 하지 못할 경우에 부모는 아이와 함께 지하철에서 내리면 된다. 지하철 플랫폼에서는 아이가 조용히 하지 않아도 그렇게 큰 피해를 주진 않는다. 그러니 아이가 다시 지하철을 탈 준비가 될 때까지 플랫폼에서 기다려 주자. 그때 아이를 야단칠 필요는 없다. 나는 아이가 지하철 안에서 다소 부산스럽게 굴어도 어른들이 넓은 마음으로

이해해 줘야 한다고 생각한다. 어른들도 예전에는 어린아이였으니 말이다. 지하철에서 떠들 권리가 없다는 점을 아이가 배울 수 있으면 되는 것이다.

그런데 아이가 자신이 하는 일이 남에게 피해를 주는 행위임을 알고 있을 수도 있다. 그럴 때는 그런 일을 해서 부모를 난처하게 만들기 전에 다양한 방법으로 막을 수 있다.

**정리**

- 아이가 다른 사람에게 피해를 주는 일을 했을 때는 위압적인 태도가 아니라 그저 말로 중단시키면 된다.

부부 싸움

# "그렇게 화내면 엄마가
# 아빠를 좋아할 것 같아?"

아들이 다섯 살이었을 때, 내가 어떤 일로 아내에게 큰소리를 낸 적이 있었다. 그때 아들이 이렇게 말했다.

"그렇게 화내면 엄마가 아빠를 좋아할 것 같아? 아빠를 싫어하게 되면 어떻게 할 거야?"

그 순간 싸움이 끝난 것은 말할 것도 없다. 아이는 이처럼 어른이 책을 읽거나 이야기를 들어서 힘들게 배우는 것을 어른이 모르는 사이에 아주 쉽게 배운다.

아들러의 육아론:

# 아이를
# 칭찬하지 말자

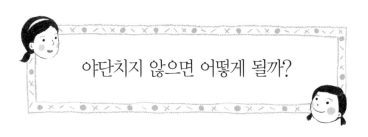

# 야단치지 않으면 어떻게 될까?

## 상황이 변하지 않거나 더 나빠진다

그렇다면 부모가 아이를 야단치지 않으면 어떻게 될까? 대부분 아이는 훨씬 활발해진다. 야단맞는 것은 아이에게 무척 부담스러운 일이므로 부모가 아이를 야단치지 않으면 단지 그것만으로도 아이는 심리적으로 편안해진다.

부모는 아이를 야단칠 때 아이가 지금 한 행동뿐 아니라 과거의 일도 언급하며 아이를 비판한다. 이것은 야단치는 경우에만 해당하는 게 아니다. 예를 들어 아이가 개나 고양이를 키우고 싶다고 말하면 어떤 부모는 옛날 일을 끄집어내며 너는 지금까지 무엇을 시작해도 꾸준히 계속했던 적이 없다는 식으로 비판한다. 사실 아이가 어떤 일을 계속한 적이 한 번도 없진 않겠지만 동물을 키우고 싶다는 생각을 단념하게 하기 위해서 부모는 그런 식으로 말을 한다.

이런 일도 포함해서 부모가 아이를 야단치지 않게 되면 아이는 그 즉시 기운이 넘치게 된다. 그런데 부모가 야단치기를 그만두면 당황하는 아이도 있다. 여태껏 야단맞는 형태로라도 주목을 받았는데 그것조차 없어졌기 때문이다. 이런 경우에는 부모가 야단치지 않아도 상황이 전혀 변하지 않거나 오히려 더 악화될 수도 있다.

그렇다면 야단맞고 싶진 않지만 야단맞을 짓을 하지 않으면 부모가 자신을 돌아봐 주지 않는다고 믿고 있는 아이는 어떻게 대하면 될까? 이런 경우에도 야단을 치지 않는 방식으로 아이를 대해야 한다.

### '주목하지 않는다'는 주목

부모가 자식을 야단치지 않기란 쉬운 일이 아니다. 야단을 치지 않으면 아이와 사이가 좋아진다는 것을 부모도 머리로는 알고 있지만 막상 눈앞에 있는 아이가 자신의 신경을 건드리면 이성적으로 대처하지 못하고 언성을 높여 아이를 야단치게 된다.

그러나 앞에서도 보았듯이 그렇게 아이를 야단쳐 봤자 아무 효과가 없다. 야단치면 아이는 부모가 자신이 한 행동 때문에 주목했다고 생각하고 그 행동을 멈추지 않기 때문이다. 이것은 야단치는 것뿐 아니라 잠깐 눈길을 주는 등 아이에게 주목하는 모든 행동에 적용된다.

부모가 그 점을 이해하게 되면 이제부터는 야단치지도 말고 주목하지도 말자고 마음먹게 된다. 하지만 주목하지 않으려는 그 마음이 오히려 아이의 언행에 주목하게 만든다. 아이가 어떤 일을 하면 대놓고 지적하진 않지만 씩씩대며 어깨로 숨을 쉬거나 몸이 바르르 떨리거나 새된 소리로 말하는 등 어떤 식으로든 반응을 보인다. 이것은 아이의 언행에 주목하지 않는다기보다는 일부러 무시한다고 해야 정확한 표현이다. 그런데 주목하지 않는 것과 무시하는 것은 다르다. 어떻게 다른지 지금부터 살펴보자.

정리

- 야단을 맞아야 부모에게 주목받을 수 있다고 생각하는 아이는 부모가 설령 야단치는 대신 그저 쳐다보기만 해도 주목받았다고 받아들이기 때문에 문제 행동을 멈추지 않는다.

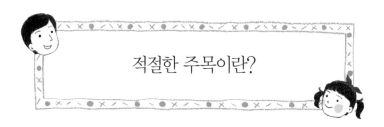

# 적절한 주목이란?

## 그저 주목하지 않는다

딸이 만 1세가 된 해, 드디어 4월부터 어린이집에 가게 되었다. 그런데 입원식을 앞두고 아이가 수두에 걸리고 말았다. 그래서 딸은 입원식에 참석하지 못했을 뿐 아니라 하루 중 두세 시간 정도만 어린이집에서 지내게 하는 적응 기간 내내 한 번도 가지 못했다. 그러다가 적응 기간이 끝나고 정규 일정이 시작되는 날에 첫 등원을 했다.

그날 나는 어린이집 선생님에게 7시에 데리러오겠다고 말한 다음 돌아가려고 했다. 그때 선생님의 얼굴에 당황한 기색이 역력했다. 그래서 나는 이렇게 말했다.

"아마 제 딸은 제가 돌아가면 울기 시작할 겁니다. 하지만 계속 울진 않을 겁니다. 30초면 그칠 거예요."

그날 저녁 아이를 데리러 갔더니 선생님이 교원실에서 나오며 이렇게 말했다.

"말씀하신 대로 울음을 그쳤어요. 하지만 아버님 말씀과는 달리, 제가 시계로 시간을 재 봤는데, 30초가 아니라 20초 만에 울음을 그쳤어요."

이것은 어쩌다 그렇게 된 우연이 아니다. 딸은 아빠가 가 버려서 울기 시작했다. 그런데 눈앞에 있는 사람이 당연히 자신을 달래 줄 거라 생각했는데 그 사람은 시계만 쳐다보고 있었다. 나는 이때 울어도 소용없다는 것을 딸이 이해하는 데 30초는 걸릴 거라고 예상했지만 아이는 20초 만에 상황을 알아차렸다. 그리고 그렇게 울음을 그치자 선생님은 딸을 안아 주었다.

아이가 눈앞에서 울고 있을 때, 예를 들어 어린이집 선생님이 딸을 주목하지 않고 시계를 봤던 것과 같은 식으로 대응할 수 있다면 아이가 울음을 터뜨렸다고 해서 초조하거나 짜증이 나지 않을 것이다.


### 적절한 면에 주목하고 부적절한 면에는 주목하지 않는다

앞에서 보았듯이 '야단치지 말자, 주목하지 말자'라는 식으로 애쓰다 보면 야단치지 말자고 생각하는 것 자체가 아이를 주목

10. 11. 12..

하는 행위가 되고 만다. 그렇게 되지 않으려면 어떤 행위의 적절한 면에는 주목하고 그와 동시에 그 행위의 부적절한 면에는 주목하지 않으면 된다.

무슨 뜻인지 구체적으로 와 닿지 않을지도 모르지만 실은 그리 어렵지 않다.

예를 들어 아침에 늦잠을 잔 아이에게 "지금 몇 시인 줄 알아!"라는 식으로 일어난 시각에 주목해서 말하는 대신, 일단은 일어났다는 것 자체에 주목해서 말해 보자.

"살아 있어서 다행이네."

가령 이런 식으로 말하면 아이는 영문을 모르고 당황할 것이다. 만약 아이가 사춘기라면 "놀리지 마."라고 대꾸할지도 모른다. 하지만 뒷장에서 살펴보겠지만 아이가 어떤 일을 하건 하지 않건 간에 살아 있다는 것 자체가 정말 고마운 일이다.

정리

- 아이가 자신을 보살펴 주리라고 생각하며 울음을 터뜨릴 때 그 모습에 주목하지 않으면 아이는 울음을 그친다.
- 아이의 부적절한 면이 아니라 적절한 면에 주목하자.

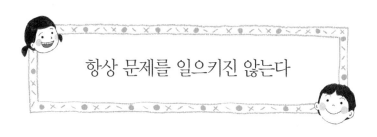

항상 문제를 일으키진 않는다

## '항상'은 아니다

아들이 어린이집에서 선생님의 말을 듣지 않았던 일은 앞에서도 이야기했다. 그런데 나는 아들이 '항상' 선생님의 말을 듣지 않았을 거라고 생각하진 않는다. 선생님의 이야기가 재미있었을 때는 귀를 기울였을 것이다.

어린이집에서 아들이 말을 듣지 않는다는 것을 선생님으로부터 듣고 온 날 밤, 아들은 어린이집에서 내가 선생님과 무슨 이야기를 나누었는지 하나도 빠짐없이 알려 달라고 했다. 그러고는 내 설명을 듣고 아이는 이렇게 말했다.

"그건 선생님이 제대로 [주목해서] 나를 보지 않기 때문이야."

아무리 문제만 일으키는 것 같은 아이라 할지라도 항상 문제를 일으키는 것은 아니다. 아침에 늦게 일어나는 아이라고 해서 1년 365일 늦게 일어나진 않을 것이다. 평일에 늦잠을 자는 아이도 일요일에는 부모가 깨우지 않아도 아침 일찍 일어나 친구들과 낚시를 하러 나간다. 그러나 부모는 일찍 일어나는 것이 당연하다고 생각하므로 이런 날에는 일찍 일어났다는 사실을 알아차리지 못하거나 무심히 지나친다. 그러나 늦게 일어난 날에는 반드시 그 일에 주목해서 "지금 몇 시인 줄 알아!"라며 야단치는 것이다.

## 칭찬하라는 것은 아니다

그러면 아이가 일찍 일어난 날에는 "와, 잘했네."라고 칭찬하면 되느냐고 많은 사람이 묻는데, 그렇지는 않다.

야단의 반대말은 칭찬이므로 사람들이 이런 질문을 하는 것은 어떤 의미에서는 당연한 일이다. 요즘에 야단치는 것이 최선의 육아법이라고 대놓고 권하는 사람은 별로 없을 것이다. 하지만 야단치면 안 된다고 알고는 있지만, 매일 아이를 야단치는 부모가 많을 것이다. 또 아이의 태도가 심하게 나쁘면 힘으로 통제할 필요가 있다고 생각하는 사람도 있다. 체벌에 반대하는 사람도 버릇을 가르친다는 대의명분으로 아이에게 손을 대거나 체벌은 하지 않지만 야단은 칠 필요가 있다고 생각한다. 하지만 그렇게 생각하는 사람이 있는 한, 체벌은 없어지지 않을 것이다.

그러면 야단치는 것은 별로 좋지 않다고 생각하기만 하면 아이와 잘 지낼 수 있을까? 그렇게 생각하는 사람도 **야단치는 대신에 아이를 어떻게 대하는 것이 좋은지 알지 못하면 아이와의 관계를 더는 진전시킬 수 없다.** 그런 경우, 아이를 야단치지 말고 칭찬하며 키우자는 말을 듣게 된다. 그런데 '야단치는 게 안 된다면 칭찬하면 된다'는 이분법적 사고로는 아이에게 적절하게 대처할 수 없다.

나도 아이가 태어났을 무렵, 육아 관련 도서를 읽고 '아이를 야단치지 말고 칭찬하며 키워야겠다'고 생각했다. 그러나 칭찬에는 다음 장에 나오는 문제가 있음을 깨닫고 난 후 엄청나게 놀란 기억이 있다.

정리

- 아이가 항상 문제를 일으키는 것은 아니다.
- 그러나 부모는 아이가 문제를 일으키지 않았을 때는 주목하지 않고 문제를 일으켰을 때만 주목해서 아이를 야단친다.

엄마는 내가
잘했을 때는
아무 말도 안하다가
안했을 때만 화를 내.

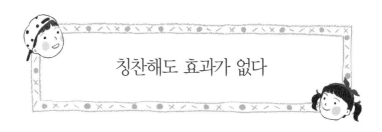

# 칭찬해도 효과가 없다

## 칭찬하는 사람이 없으면 적절한 행동을 하지 않는다

칭찬받으며 자란 아이는 칭찬하는 사람이 없으면 적절한 행동을 하지 않는다. 예를 들어 복도에 쓰레기가 떨어져 있을 때 바로 줍지 않고 일단 주위를 둘러보는 아이가 있다. 이제부터 자신이 쓰레기를 주워서 쓰레기통에 버리는 것을 누군가가 봐 준다면 쓰레기를 주우려고 생각하는 것이다. 이런 아이는 만약 보는 사람이 아무도 없으면 쓰레기를 줍지 않고 그냥 지나간다.

그러나 그 자리에 아무도 없어서 칭찬받지 못하는 상황에서도 자신이 하는 일이 적절한지 아닌지를 스스로 판단할 수 있는 아이가 되어야 한다. 야단맞으며 자란 아이가 부모나 선생님

아무도 없는데 뭐…

에게 야단맞기 싫어서 문제 행동을 그만두는 것과 마찬가지로, 칭찬받으며 자란 아이도 다른 사람의 눈치를 보며 칭찬받을 것 같으면 적절한 행동을 하지만 자신의 판단하에 스스로 적절한 행동을 할 수는 없게 되는 것이다.

### 과제에 도전하지 않는다

부모들은 아이가 공부를 잘하면 좋아한다. 그래서 아이가 좋은 성적을 받아 오면 칭찬해 준다. 이것은 아이가 부모의 기대에 부응해 성적을 잘 받는 동안에는 아무 문제가 없다. 그러나 어떤 아이도 언제까지나 항상 좋은 성적을 유지할 수는 없다. 어떤 시점부터 기대만큼 성적이 나오지 않게 된 일을 어렸을 때 누구나 겪어 보았을 것이다.

그렇게 되면 부모에게 칭찬받고 싶고 칭찬받기 위해서 공부했던 아이는 이제 공부하는 의미가 없다고 생각할 수도 있다. 또 이렇게 성적이 나쁘면 부모로부터 버림받을 것이라고 생각할 수도 있다.

그럴 때 아이는 공부라는 과제를 앞에 두고 망설이거나 멈추게 된다.

## 결과만 좋으면 된다고 생각한다

좋은 성적을 받는 것이 부모에게 칭찬받을 수 있는 유일한 수단이라고 여기는 아이는 좋은 결과를 내기 위해 부정행위까지 불사할지도 모른다. 시험을 칠 때 커닝을 하는 것이 그 좋은 예다. 이때 아이는 칭찬받기 위해 다른 사람과의 경쟁에서 이기려고 하지만 이런 방식으로는 경쟁에서 이겨도 아무도 칭찬하지 않을 수도 있다는 점을 모르는 것이다.

경쟁의 폐해는 공부에서만 나타나는 것이 아니다. 다른 형제는 칭찬을 받는데 자신만 칭찬받지 못하거나 야단맞는 아이는 경쟁에서 졌다고 느낀다. 형제 관계에서든 일반적인 인간관계에서든 이렇게 경쟁에서 진 사람은 반드시 마음의 균형을 잃게 된다.

정리

- 칭찬받으며 자란 아이는 칭찬해 줄 사람이 없을 때 스스로 판단하여 적절한 행동을 하지 못한다.
- 또 기대했던 대로 좋은 결과가 나오지 않으면 과제에 도전하지 않게 된다.

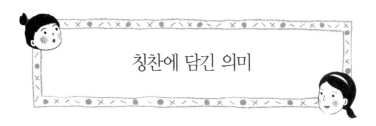

# 칭찬에 담긴 의미

### 칭찬하는 것은 평가하는 것이다

한 어머니가 아이의 일로 상담을 받은 적이 있었다. 그런데 평소에는 혼자서 오다가 어느 날에는 세 살짜리 딸아이를 데리고 왔다. 딸은 엄마 옆자리에 앉았다. 상담 시간은 대개 한 시간 정도인데 부모들은 보통 그 시간 동안 아이가 얌전히 기다리지 못할 거라고 생각한다.

그러나 아이는 만 세 살 정도만 되어도 자신이 놓인 상황의 의미 또는 그 상황에서 주변 사람들이 자신이 어떻게 하기를 기대하고 있는지 완벽하게 이해한다. 역시나 내 예상대로(부모에게는 의외의 일이겠지만) 그 아이는 한 시간 동안 얌전히 앉아 있었다. 상담이 끝나자 부모는 그 아이에게 이렇게 말했다.

"정말 잘했어. 용케 기다렸네."

아이를 칭찬한 것이다.

또 다른 예를 들자면, 어느 날 삼십 대 남성이 얼핏 보기에도 위태위태한 모습으로 상담을 하러 왔다. 상담을 마치고 내가 "오늘은 여기까지 어떻게 오셨습니까?"라고 묻자 "오늘은 아내가 차로 데려다 줬습니다. 주차장에서 기다리고 있어요."라고 했다.

이에 나는 이렇게 말했다. "그럼 다음부터는 상담할 때 같이 오시죠."

그래서 다음에는 그 사람의 아내도 함께 왔다. 나와 남편은 한 시간 동안 이야기를 나누었다. 그동안 아내는 옆에서 잠자코 이야기를 들었다. 자, 이 경우 상담을 마치고 남편이 아내에게 "정말 잘했어. 용케 기다렸네."라고 칭찬한다면 아내는 어떻게 느낄까? 기뻐하기보다는 자신을 바보 취급했다고 기분 나빠할 것이다.

왜 그렇게 생각할까? 칭찬한다는 것은 상위에 있는 사람이 위에서 아래를 내려다보는 식으로 평가하는 말이기 때문이다.

### 칭찬에는 수직 관계가 전제된다

어른이 상담을 받는 동안 조용히 있었던 아이에게 "용케 기다렸네" 하고 칭찬하는 것은 기다리지 못할 거라고 생각했는데 예상과 달리 기다렸기 때문이다. 어른은 이런 식으로 아이를 칭찬한다. 한편 만약 대등한 관계라면 상대를 칭찬하지 않는다. 일반적으로 사람들은 야단치는 것에 대해서는 이 점을 명확하게 인지한다. 대등한 관계라면 상대를 야단칠 수 없기 때문이다. 어딘지 상대를 자신보다 아래라고 여기기 때문에 야단칠 수 있는 것이다.

그런데 칭찬하는 것에 대해서는 야단치는 것처럼 이 점을 명확하게 인지하지 못한다. 그러나 칭찬도 수직 관계가 전제되어 있다. 상대방을 능력이 없고 자신보다 아래라고 여기기 때문에 칭찬할 수 있는 것이다. 그런데 아이도 자신이 인간관계에서 아래에 위치하면 좋겠다고 생각하지는 않지 않을까.

정리

• 대등한 관계가 아니라 아이를 자신보다 아래라고 여기기 때문에 야단치거나 칭찬할 수 있다.

참 잘했어

대단하네

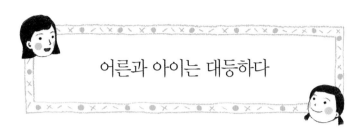

# 어른과 아이는 대등하다

### 어른은 아이보다 더 빨리 태어났을 뿐이다

어른과 아이가 대등하다고 말하면 그렇지 않다고 반대하는 사람도 있다. 물론 어른과 아이가 똑같다고 말하는 것은 아니다. 아이는 자기 힘으로 할 수 없는 일도 있으므로 부모의 도움이 필요하다. 책임지는 범위도 다르다. 초등학교 1학년생인 아이의 귀가 시간을 밤 10시로 정하는 집은 없을 것이다. 늦게 귀가하는 것에 대해 아이가 책임질 수 없기 때문이다. 그러나 귀가 시간을 정하는 것 자체만 보면, 아이에게는 지켜야 할 귀가 시간이 있는데 어른에게는 없다는 것은 이상한 일이다. 아이에게 엄수해야 하는 귀가 시간이 있다면 시각은 달라도 마찬가지로 어른에게도 이런 귀가 시간이 정해져 있어야 한다.

앞서 말했듯 지식과 경험, 책임질 수 있는 범위가 다르므로 어른과 아이는 같지 않다. 그러나 같지는 않지만 인간으로서는 대등하다. 어른은 아이보다 빨리 태어나 부모가 되었고 다른 한쪽은 아이가 되어서 만난 것뿐이다.

자신이 아이와 대등하다는 것을 알고 아이를 존중하며 전폭적으로 신뢰한다면 아이를 완력으로 통제할 필요가 없으며 야단치지 않아도 된다는 것을 깨닫게 된다. 또 아이를 아래로 내려다보고 치켜세우거나 칭찬할 필요도 없음을 알게 된다.


## 평가가 아닌 기쁨의 공유를

아들이 네 살이었을 때 플라스틱으로 된 철도 모형을 만들고 있었다. 복잡하게 이어진 선로가 정말 잘 맞춰져 있었다. 그것을 보고 아내가 "대단하네. 혼자서 만들었니? 이렇게 어려운 걸 만들 수 있게 됐구나" 하고 말을 걸었다.

부모가 이렇게 말하면 기뻐하는 아이도 있겠지만 우리 아들은 그 말을 듣고 이렇게 대답했다.

"맞아, 어른이 보기엔 어려워 보이겠지만 이 정도는 간단해."

그렇게 말한 뒤 아들은 선로 만들기를 그만뒀다. 부모는 순수하게 감탄을 표현한 말이었다. 하지만 아이는 '원래 그 나이에는 이런 선로를 만들 수 없는데 만들었으니 대단하다.'라고 어른의 관점에서 평가받았다고 느꼈을 수도 있다.

부모에게 그런 의도가 없었다면 아이의 그런 반응에 부모는 몹시 당황스러울 것이다. 하지만 아이가 부모의 말을 어떻게 받아들이는지에 대해서 민감해지는 편이 좋지 않을까? 어떻게 받아들였는지 확신하지 못할 경우에는 아이에게 직접 "엄마(아빠)가 한 말을 듣고 어떻게 생각했니?"라고 물어 보는 것도 좋다.

나라면 이럴 때는 완성도에 대해 이야기할 게 아니라 "재미있어 보이네"라는 식으로 아이가 놀이에 열중하는 모습에 반응할 것이다.

정리

- 어른과 아이는 같지 않지만 인간으로서는 대등하다.
- 아이를 신뢰하고 존중하며 대하면 아이를 야단치지 않아도 되고 칭찬할 필요도 없다.

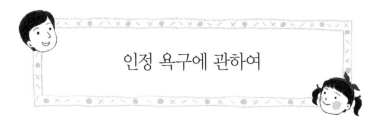

# 인정 욕구에 관하여

## 자신의 인생을 살기 위해

어릴 때부터 부모나 교사에게 칭찬받으며 자란 아이는 어른이 되어서도 무슨 일을 할 때마다 칭찬이나 인정을 받고 싶어한다.

야단맞고 싶지 않거나 미움받고 싶지 않다는 생각도 이런 승인받고 싶은 마음의 일종이다. 물론 칭찬받거나 인정받으면 당연히 기쁘다. 그런 승인 욕구는 누구에게나 있는 감정이지만 인정받는 것이 반드시 필요하냐 하면 그렇지는 않다. 오히려 인정받고 싶은 마음에서 야기되는 폐해가 훨씬 많다.

가장 큰 문제는 자신이 하고 싶은 일 또는 하고 싶지 않은 일이 있어도, 야단맞고 싶지 않은 아이 또는 칭찬받고 싶은 아이

는 자신의 의사가 아니라 부모나 교사의 의사를 우선시하는 경우가 많다는 점이다. 부모 입장에서는 제멋대로 '이게 하고 싶다, 저걸 원한다'고 고집부리는 아이도 곤란하지만, 이렇게 하고 싶은 것이 있는데 말하지 않는 아이도 곤란하다.

그런데 아이가 자신이 하고 싶은 것을 하고 싶다고 말하지 않는 데에는 이유가 숨어 있다. 스스로 선택하지 않고 전부 부모에게 맡기면 나중에 자신이 원했던 것과 다른 결과가 나왔을 때 부모에게 책임을 전가할 수 있기 때문이다.

아이는 부모의 기대에 부응하기 위해 사는 존재가 아니므로 부모에게 칭찬받기 위해 자신이 하고 싶은 것을 단념하면 안 된다. 무슨 일이 있어도 아이가 자신의 인생을 살아가야 하는 것이다.

### 인정을 기대하지 못할 경우

인정 욕구는 누구에게나 있다고들 한다. 하지만 우리는 일상 생활 속에서 인정받지 못하는 경험을 무척 많이 하게 된다.

어릴 적부터 칭찬받으며 자라서 어른이 되고 나서도 인정 욕구가 강한 사람은 육아를 몹시 힘들어 한다. 아이는 부모의 지원 없이 혼자 자랄 수 없는 존재다. 그런데 태어난 지 얼마 안 된

신생아는 부모가 아무리 잘 보살펴 줘도 아무 말도 하지 않는다. 이것은 아이가 좀 더 자라도 마찬가지다. 그런데 어떤 사람은 아이가 다 컸을 때 부모가 고생하며 키워 준 시절의 일을 전혀 기억하지 못한다며 상심한다. 아이가 전혀 감사하지 않아도, 부모가 고생하며 키웠을 때를 전혀 기억하지 못한다 해도 부모는 아이를 보살펴야 한다.

그럼 어떻게 하면 인정 욕구로부터 자유로워질 수 있을까? 또 부모가 아이를 어떻게 대하면 여러 가지 문제가 있는 인정 욕구로부터 아이가 자유로워질 수 있을까?

다음 장에서는 야단치기도 칭찬하기도 아닌, 다른 방법으로 아이를 대하는 육아법을 알아보겠다.

**정리**

- 어릴 때부터 칭찬받으며 자란 아이는 칭찬받고 싶어서 자신의 의사가 아닌, 부모의 의사를 우선시한다.
- 또 하고 싶은 것이나 하기 싫은 것이 있어도 그런 감정을 말로 표현하지 못한다.

어느새 소녀가 되었다

## "내 눈, 빨개졌어?"

딸이 다섯 살이었을 때 자전거를 타고 어린이집으로 향하는 내내 "엄마가 먼저 나가 버렸어" 하고 울었던 적이 있었다. 그런데 어린이집에 도착하자 딸은 이렇게 말했다.

"내 눈, 빨개졌어?"

자기보다 먼저 집에서 나간 엄마보다도 어린이집 선생님과 친구들에게 자기 눈이 어떻게 보일지가 더 신경이 쓰인 모양이었다. 딸은 어느새 소녀로 자라나 있었다.

아들러의 육아론:

# 아이에게
# 용기를 주자

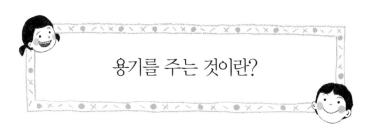

# 용기를 주는 것이란?

## 야단치는 것도 칭찬하는 것도 아니다

아이를 야단쳐도 안 되고 칭찬해도 안 된다면 어떻게 해야 할까? 앞에서 등장한(111쪽), 상담 시간에 엄마 옆에서 얌전히 기다려 준 이이에게 부모는 뭐라고 말하면 좋았을까?

먼저, 칭찬하는 것은 부적절하다고 했다. 같은 정황에서 남편의 상담에 동석한 아내에게 상담을 마친 남편이 "정말 잘 했어", "용케 기다렸네."라고 말하지 않듯이 아이는 어른과 대등한 존재이므로(116쪽) 아이를 칭찬할 수 없기 때문이다.

'그러면 뭐라고 하면 좋을까?'라고 내가 다시 한 번 물으면 많은 사람이 "고마워."라고 말한다고 대답한다. 남편의 상담에 동행했을 때 남편에게 칭찬받기는 싫지만 "고마워"라는 말을 들는 것은 기쁘다는 말이다.

아이를 키울 때는 급박한 순간순간이 이어진다. 그래서 이럴 때는 어떻게 말해야 할지 생각하다가 말할 시점을 놓치기 일쑤다. 그렇기 때문에 칭찬하지 않고 '고마워.'라고 하면 된다는 것을 알고 있는 것과 모르는 것은 크게 차이가 난다.

그런데 '고마워'라는 말이 칭찬하는 말과 어떻게 다른지 이론적으로 알지 못하면 어떤 때 '고마워.'라고 해야 하는지 몰라서 적절하게 사용하지 못할 수도 있다.

### 인생의 과제에 도전할 수 있기 위해

아들러 심리학에서는 아이를 야단치지 말고 칭찬하지도 말고 아이에게 '용기를 주라'고 권한다. 아이에게 용기를 준다는 것은 한마디로 아이가 인생의 과제에 도전할 수 있도록 지원한다는 뜻이다.

인생의 과제는 인간관계를 말한다. 어른뿐 아니라 아이에게도 인간관계는 고민의 근원이다. 그러나 사람은 그 누구도 혼자서 살지 못하므로 인간관계를 피할 수 없다. 이때 인간관계를 피하지 않고 그 속으로 들어갈 수 있도록 지원하는 것을 '용기를 준다'고 한다.

용기를 주려면 '고마워'나 뒤에서 살펴보겠지만 '도움이 됐어'

기다려줘서
고마워.

라는 말을 해 주자. 그러나 아이가 다음 기회에도 적절한 행동을 하길 바라는 마음에서 '고마워.', '도움이 됐어.'라고 하는 것은 칭찬과 다를 바가 없다. 또 아이도 그런 말을 듣다 보면 자신이 칭찬받을 일을 했다고 생각했을 때 어른에게 '고마워'라는 말을 요구하기도 한다. 그러면 부모는 차라리 고맙다는 말을 하지 말 걸 그랬다고 후회하기도 한다.

### 정리

- 아들러 심리학에서는 아이를 야단치지도 칭찬하지도 말고 아이에게 '용기를 주라'고 권한다.
- 이때 아이가 자신의 인생의 과제에 도전할 수 있도록 지원하는 것을 '용기를 준다.'라고 한다.
- 용기를 주기 위해 아이에게 '고마워'라는 말을 해 주자.

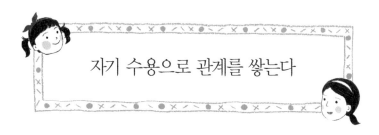

# 자기 수용으로 관계를 쌓는다

**자신을 좋아할 수 없는 사람은 행복해질 수 없다**

나는 상담을 하러 온 사람에게 "자신을 좋아하시나요?"라는 질문을 한다. 그런데 놀랍게도 그 질문을 받고 '좋아한다'고 대답한 사람은 한 명도 없었다. 여태까지 그런 질문을 별로 받아본 적이 없어서 당황해서 그랬을 수도 있겠지만 '별로 좋아하지 않는다'를 넘어서 '정말 싫어한다'고 대답한 사람도 많았다.

그런데 자신을 싫어한다고 대답한 사람도 처음부터 자신을 싫어하지는 않았을 것이다. 자신을 좋아하지 않게 된 데에는 부모의 영향이 크다. 부모는 아이가 어떤 문제를 일으키면 그 행위만이 아니라 "너는 왜 항상 그런 식이니?"라고 옛날 일을 끄집어내며 아이의 이런저런 행위를 비난하거나 인격을 모욕하기도

한다. 사실 부모에게 그런 말을 듣고도 아이가 자신을 싫어하지 않는다면 그게 더 이상한 일이다.

　내가 상담을 하러 온 사람에게 '자신을 좋아하시나요?'라고 질문하는 이유는 아무리 싫어도 지금의 나를 다른 나로 교체할 수는 없기 때문이다. 아무리 성격적으로 모가 난 부분이 있다 해도 앞으로도 그런 자신과 함께하지 않으면 안 되므로 자신을 좋아할 수 없는 사람은 행복해질 수 없다. 그러니 자신을 좋아하길 바란다.

　그런데 어릴 적부터 부모에게 걸핏하면 자신의 단점이나 결점을 지적당한 아이는 자신의 장점이 무엇인지 아예 생각하지 못하게 된다.


### 인간관계는 삶의 기쁨의 원천이다

　자기 자신을 좋아하길 바라는 이유가 하나 더 있다. 자신에게 가치가 있다고 생각하고 자신을 좋아할 때만 '과제'에 도전하려는 용기를 낼 수 있기 때문이다.

　물론 사람과 부대끼면 상처받거나 배신당하기도 한다. 한 번이라도 그런 일을 겪은 아이는 사람과 섞이는 것을 피하게 되기도 한다. 아들러는 '모든 고민은 인간관계에서 비롯된다'고 했다. 인간관계 때문에 이렇게 괴로워할 거면 차라리 혼자 살고 싶다고 생각하는 사람도 있을 것이다.

하지만 사람과 관계하면서 상처받거나 배신당하거나 슬퍼하는 것을 회피하면 깊은 관계로 발전하지 못한다. 그리고 깊은 관계로 발전하지 못하면 삶의 기쁨도 얻을 수 없다.

정리

- 아이가 자신을 좋아할 수 있어야 한다.
- 그러면 사람과 관계할 용기가 생긴다.
- 사람과 부대끼는 것을 피하면 누구와도 깊은 관계로 발전하지 못하고 삶의 기쁨도 얻지 못한다.

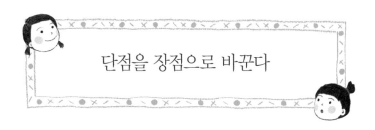

# 단점을 장점으로 바꾼다

**싫증을 잘 내는 게 아니라 '산만한 능력'이 있는 것이다**

자신의 가치를 인정할 수 있게 되려면 먼저 단점이라고 생각했던 부분을 장점으로 인식하는 것부터 시작하는 것이 좋다. 단점이라고 생각하던 부분은 실은 장점이라고 볼 수 있는 것이다.

예를 들어 상담을 하러 온 아이 어머니에게 "아드님(따님)은 어떤 아이인가요?"라고 물어 보면 종종 "집중력이 없어요"라는 대답이 돌아온다. 그러나 사실은 집중력이 없는 게 아니라 '산만한 능력'이 있는 것이다. 그런데 어떤 일에도 산만한 능력은 필요하다. 아무도 없는 조용한 방에서만 일할 수 있는 [주변에 방해하는 요소가 없는 가운데 어느 한 가지 일만 할 수 있는] 성격인 사람은 어려운 일이 많다. 만약 그런 사람이 하필 사람을 상대하는 일을 하고 있다면 어떻게 될까? 한 번에 한 명밖에 상대하지 못해서 일이 제대로 돌아가지 않을 것이다. 몇 사람이 동시에 말을 걸어도 적확하게 대응할 수 있어야 하기 때문이다.

텔레비전을 보고 음악을 들으면서 가족과 이야기하며 휴대 전화로 문자를 주고받을 수 있는 아이를 존중하자. 집중력이 없는 게 아니라 산만한 능력이 있다고 생각하면 아이를 보는 방식이 바뀔 것이다.

또 다른 예로, 싫증을 잘 내는 아이에게는 결단력이 있다. 지금 읽고 있는 책이 자신에게 적합하지 않다고 생각하면 그 책을 덮을 용기가 있어야 한다. 강연회에 참석해서도 자신에게 맞지 않다는 생각이 들면 곧바로 강연장을 나와야 한다. 그런 결단력이 내게는 없지만 아이에게는 있다고 생각하는 순간, 아이를 보는 방식이 바뀐다. 또한 아이가 자기 자신을 보는 방식도 함께 바뀐다.


## 어두운 게 아니라 다정한 것이다

많은 아이가 자신을 '어두운 성격'이라고 생각한다. 그렇지만 그런 아이는 항상 자신의 말이 다른 사람에게 어떻게 받아들여질지 민감하게 반응한다. 다른 사람의 말이나 행동에 마음이 상한 일이 종종 있었기 때문이다. 그렇기 때문에 적어도 고의로 다른 사람을 상처 입히진 않는다. 반면 성격이 밝다는 말을 듣는 아이는 물론 적극적이고 친구들도 많지만 한편으론 자신의 언행이 주위 사람에게 어떤 영향을 미칠지에 관해서 깊이 생각하지 않는다.

물론 모든 사람이 그렇다는 것은 아니다. 그러나 자신의 언행을 항상 의식하고 다른 사람을 상처 입히지 않도록 배려하는 사람은 자신을 '어두운 성격'이라고 생각할지 모르지만 그것은 '어두운' 게 아니라 '다정한' 것이다. 자신을 그렇게 생각하게 되면 자신이 가치 있다고 생각하게 되고 결국 자신을 좋아하게 될 것이다.

정리

- 단점이라고 생각하던 부분도 실은 장점으로 볼 수 있다.
- 부모가 아이를 바라보는 방식이 바뀌면 아이도 자신을 바라보는 방식이 바뀐다.
- 자신이 가치 있다는 것을 깨닫게 되면 자신을 좋아할 수 있게 된다.

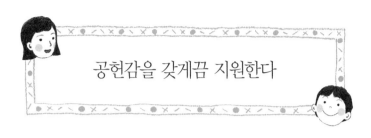

# 공헌감을 갖게끔 지원한다

### 공헌감이 있을 때 자신을 좋아할 수 있다

이미 지니고 있는 아이의 성격을 다른 각도에서 파악함으로써 아이가 자신에게 가치가 있다고 생각하고 자신을 좋아할 수 있도록 도와줄 수 있다고 앞서 살펴보았다(137쪽). 그런데 부모가 장점이라고 말해 주어서 그것을 자신의 장점으로 받아들이는 아이는 실은 타인의 평가에 휘둘리는 아이와 별로 다르지 않다. 이렇게 남의 평가를 신경 쓰는 아이는 좋은 말을 들으면 기뻐하고 나쁜 말을 들으면 슬퍼하거나 분개한다. 그러나 자신의 가치는 타인의 평가에 좌우되지 않는다. 나쁜 사람이라는 말을 들었다고 해서 나쁜 사람이 되지도 않거니와 좋은 사람이라는 말을 들었다고 해서 좋은 사람이 되지도 않는다는 말이다.

그러므로 자신의 단점을 장점으로 바꾸어 인식해 자신을 좋아하게 되는 것도 스스로 납득해서 하는 것이 아니면 의미가 없다. 여기 자신에 대해 타인이 좋은 말을 하지 않아도 자신이 가치가 있다고 생각하고 자신을 좋아하게 되는 방법이 있다.

먼저 어떨 때 자신이 가치 있다고 생각되며 그런 자신을 좋아하게 될까? 자신은 쓸모없는 사람이라고 생각했는데 '이런 나도 남에게 도움을 줄 수 있구나' 하고 생각할 때 사람은 자신이 가치 있다고 생각하고 그런 자신을 좋아하게 된다. 따라서 아이가 그렇게 생각할 수 있도록 부모는 아이에게 '고마워.'라거나 '도움이 됐어.'라고 말해 줘야 한다.

상담 시간에 조용히 기다려 준 아이에게 '대단하네' 또는 '용케 기다렸네'라는 식으로 칭찬하지 말고 '고마워.'라고 하는 것은 아이가 공헌감을 느끼길 바라기 때문이다. 내가 조용히 하고 있으면 남에게 공헌할 수 있다는 것을 배운 아이는 다음에도 조용히 기다릴 수 있다.

## 과제에 도전하는 용기를 지닌다

자신이 도움이 되는 사람이라는 것을 알게 되면 그런 자신에게 가치가 있다고 생각하게 되고 그런 자신을 좋아하게 되면 과제에 도전하는 용기가 생긴다.

앞에서 말했듯이 아들러는 '모든 고민은 인간관계에서 비롯된다'고 했다. 어린아이도 친구와의 관계로 고민할 수 있다. 사실 부모가 아이를 야단쳐야 할 일이 있다는 것 자체가 아이가 부모 자식 간이라는 인간관계에서 어떤 문제를 느끼고 있다는 뜻이다.

이런 경우 멀리 돌아가는 방법 같겠지만 아이에게 '고마워', '도움이 됐어'라는 말을 함으로써 아이가 공헌감을 갖게 되면 그 아이는 인간관계를 피하거나 부모를 난처하게 하는 방법으로 자신을 인정받으려 하지 않게 된다.

**정리**

- 아이는 자신이 다른 사람에게 도움이 된다고 생각했을 때 자신이 가치 있다고 생각하고 그런 자신을 좋아하게 된다.
- 아이에게 '고마워'나 '도움이 됐어'라는 말을 해서 아이가 공헌감을 가질 수 있게 하자.

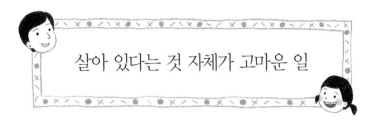

# 살아 있다는 것 자체가 고마운 일

### 행동만이 아니라 존재에 주목하자

그런데 적절한 행동을 했을 때 '고마워', '도움이 됐어' 같은 말을 해 주는 것만으로는 충분하지가 않다. 아이가 존재하는 것, 살아 있는 것에 주목해 설령 어떤 행동을 하지 않아도 살아 있는 것 자체가 이미 부모와 주변 사람들에게 공헌하고 있는 것임을 알려 주어야 한다.

꽤 오래전에 있었던 일이지만 아들이 초등학생이었을 때 교장 선생님에게 전화가 왔다. 아이가 다니는 초등학교 근처에 옆 동네 아이들이 다니는 초등학교가 있었는데 그곳에서 한 아이가 발을 잘못 디뎌 소각장으로 떨어지는 사고가 발생했다고 했다. 고학년이라면 떨어져도 기어올라 갔겠지만 그 아이는 겨우

1학년이어서(이것은 나중에 판명되었다) 자기 힘으로 기어올라 가지 못했다. 그런데 소각장에 아이가 있는 것을 몰랐던 교직원이 불을 붙였고 결국 그 아이는 세상을 떠났다. 교장 선생님은 "옆 동네 아이들이 다니는 초등학교에서 일어난 일이니까 아마 우리 학교 학생은 아니겠지만 아드님이 어린이집 시절의 친구들과 놀고 싶어서 그 학교에 갔을지도 모르니까 잘 있는지 안부를 확인해 주세요."라고 말했다.

그래서 나는 학원에 전화를 걸었다. 이상한 전화였다. 내 이름을 밝히며 "저희 아이가 오늘 왔나요?" 하고 물었다. 이런 일은 보통은 전화로 묻지 않는 법이다. 근처에 아이가 있었다면 바로 알 수 있는 일이지만 그렇지 않았기에 전화를 받은 분은 아이가 학교에서 왔는지 확인하고 나서 "네, 왔어요. 그런데 왜 그러세요?"라고 물었다. 그래서 나는 "실은 말이죠" 하고 그 이유를 말했다.

세상을 뜬 아이에게는 정말 미안한 일이지만 많은 부모가 평소에는 숙제도 하지 않고 학교에도 가지 않으며 이도 안 닦는 아이지만 그런 것들이 다 무슨 상관이 있냐고 생각했을 것이다. 살아 있는 것만으로도 고마워서.


### 뺄셈이 아니라 덧셈

살아 있다는 것을 0이라고 치면 그 외의 일들은 뭐든지 플러스로 생각할 수 있으므로 어떤 일이든 용기를 주는 말을 해 줄 수 있다. 그 결과 부모가 자신을 제대로 보고 있다고 생각하게 되면 아이는 문제 행동을 그만두게 된다.

이상적인 아이의 모습을 머릿속에 그려 놓고 그것을 기준점으로 (즉 0으로) 삼은 다음, 거기서 실제로 존재하는 아이를 뺄셈하지 말자. 살아 있다는 것을 0으로 치고 뭐든지 플러스로 생각해 더하는 방식으로 아이를 보면 아이가 살아 있는 것 자체가 다른 사람들에게 공헌하고 있다고 생각하게 되어 어떤 아이에게도 용기를 주는 말을 할 수 있게 될 것이다.

정리

- 아이가 살아서 존재하는 것, 그것만으로도 고마운 일이다.
- 살아 있다는 것을 0으로 친다면 뭐든지 플러스로 생각하는 덧셈 방식으로 아이들을 볼 수 있다.

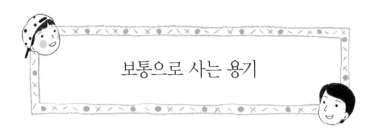

# 보통으로 사는 용기

### 뛰어나지 않아도 나빠지지 않아도 괜찮다

행동이 아니라 존재에 주목해야 하는 이유는 어떤 특별한 일을 할 수 없으면 부모나 어른에게 인정받지 못한다고 생각하는 아이가 있기 때문이다. 이런 아이의 경우 처음에는 눈에 띄게 잘해서 부모에게 칭찬받으려고 노력한다. 그러다가 그 일에 성공하지 못하면 아이는 확 변해서 눈에 띄게 나빠지려고 한다.

양쪽 다 아니어도 괜찮다. 아들러는 '보통으로 사는 용기'라는 말을 했다. 이것은 평범해지라는 의미가 아니라 뛰어날 필요도 없고 나빠질 필요도 없다, 있는 그대로의 자신으로 충분하다고 생각할 수 있는 용기를 가지라는 뜻이다.

이것은 결코 아무것도 하지 않아도 된다는 뜻은 아니다. 그러나 일단 출발점으로서 지금의 자신이 있는 그대로 부모를 비롯해 가족에게 공헌하고 있다고 생각하라는 뜻이다. 그렇게 생각하려면 용기가 있어야 한다. 그러나 자신에 대해 이대로도 괜찮다는 기본적인 신뢰감을 가지고 있지 않으면 아이는 특별하게 되기 위해 '뛰어나거나 나쁘게 되어서' 자신의 가치를 증명하려고 한다. 그런데 어떤 일이든 이렇게 다른 사람에게 증명해야 한다고 생각하면 선을 넘기 마련이다.

지금 상태로 머물러 있으면 안 될지도 모르지만 일단 있는 그대로의 자신을 받아들여야 한다. 이것을 '자기 수용'이라고 한다. 자기 수용은 자기 긍정과는 다르다. 자기 긍정은 예를 들어 모든 사람이 자신을 좋아한다고 생각하려는 것을 말한다. 그런데 본래 모든 사람이 자신을 좋아한다는 것은 있을 수 없는 일이다. 또 자기 긍정의 경우, 할 수 없는 일인데도 자신은 할 수 있다고 믿으려고 한다. 반면, 자기 수용은 할 수 없는 자신을 있는 그대로 인정하고 그 일을 할 수 있도록 노력하는 것이다.

### 아이에게 너그러워지기 위해

아이를 있는 그대로의 상태로 인정할 수 있으면 아이가 부모의 이상과 동떨어진 모습이어도 신경 쓰지 않게 된다. 가령 공부를 열심히 하지 않아도 학교에 가지 않아도 무조건 살아 있다는 것에 기뻐할 수 있다면 부모가 아이에게 요구하는 수준은 낮아진다.

그렇게 되면 어떤 일에도 '고마워.'라고 말할 수 있게 된다. 아들이 초등학생이었을 때 어느 날 밤 아이가 '오늘 고마웠어.'라고 말해서 놀란 적이 있다. 그날은 특별하게 아들에게 뭔가 해 준 날이 아니었기 때문이다. 아들은 단지 함께 지낸 것에 대해 고마웠다고 한 것이었다.

**정리**

- 뛰어날 필요도 나쁘게 될 필요도 없다.
- 평범한 있는 그대로의 아이를 받아들일 수 있으면 설령 아이가 자신의 이상과 동떨어져 있다 해도 신경 쓰이지 않는다.
- 무조건 살아 있다는 그 점에 기뻐하게 된다.

잘자라, 아가

# 아이의 생활 양식

### 생활 양식과 '나'

앞에서 '아무리 자신이 싫더라도 지금의 나를 다른 나로 교체할 수는 없다'고 했다(133쪽). 그러나 나를 교체할 수는 없지만 내가 자신이나 타인을 어떻게 볼 것인지 관점은 바꿀 수 있다. 아들러 심리학에서는 자신과 타인을 보는 방식을 '생활 양식Life style'이라고 부른다. 이것은 보통 '성격'이라고 하는 것과 같은데, 성격이라고 하면 천성적이고 여간해선 변하지 않는다는 이미지가 따라붙으므로 '생활 양식'이라는 용어로 대체하고 있다.

'내'가 '생활 양식'을 선택하는 것이다. 그 선택은 한 번만 하지 않는다. 가장 처음 그 선택을 하는 때는 열 살 전후다. 열 살 전에는 여러 가지 생활 양식을 고르는 중이었겠지만 그 뒤에 생활 양식을 바꾸는 일은 별로 없다. 왜냐하면 다른 생활 양식을 선택하면 당장 어떤 일이 일어날지 모르기에 비록 답답하고 불편하더라도 지금의 생활 양식을 고수하며 살려고 하는 것이다. 자신이나 타인을 어떻게 보느냐는 사람에 따라서 다르지만 아들러 심리학에서는 어떻게 봐야 바람직한지를 명확하게 제시한다.

### 자신을 어떻게 볼 것인가

앞서 말했듯이 사람은 혼자 살아갈 수 없는 이상, 인간관계를 피할 수 없다(128쪽). 그런데 사람을 대하다 보면 좋은 일만 있는 것이 아니다. 때로는 깊이 상처를 받기도 한다.

그럼에도 자신은 사람과의 관계 속에 들어가서 설령 문제가 일어나도 그것을 해결할 능력이 있다고 생각할 수 있어야 한다. 그렇게 생각하지 못하는 아이는 '사람 앞에서는 긴장된다'는 이유를 대며 사람들 속에 들어가려고 하지 않는다.

### 타인을 어떻게 볼 것인가

이런 사람은 타인을 '넋 놓고 있으면 자신을 함정에 빠뜨리려는 무서운 사람'으로 인식한다. 실제로 남에게 배반당한 경험이 있을 수도 있다. 하지만 사실은 그런 일을 겪었기 때문에 사람과 관계하는 것을 그만두자고 생각하는 게 아니라 사람과 관계하지 않기 위해서 다른 사람을 무섭다고 인식하게 된 것이다.

그러나 앞서 살펴보았듯이 사람은 타인에게 공헌하고 있다고 느낄 때만 자신이 가치 있다고 여기고 사람과의 관계 속으로 들어가는 용기가 생긴다. 그런데 만약 다른 사람을 무섭다고 생각하면(133쪽), 타인에게 공헌하려는 생각도 하지 못하게 된다. 그러니 타인을 '필요할 때 자신을 지원할 용의가 있는 친구[서로 돕는 존재]'라고 인식할 수 있어야 한다.

정리

- 자신에게 '사람과의 관계 속에 들어가 문제를 해결할 능력'이 있다고 생각하는 아이가 되기를 바란다.
- 또, 아이가 다른 사람을 '필요할 때 자신을 지원해 주는 친구'라고 인식하길 바란다.

필요할 때는 나를
도와줄 거야

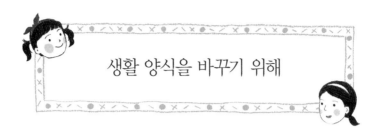

# 생활 양식을 바꾸기 위해

### 언제든지 바꿀 수 있다

생활 양식은 자신이 선택한 것이므로 언제든지 바꿀 수 있다. 어떤 사람이 맞은편에서 다가오는데 눈을 마주치지 않고 그냥 지나쳤다고 하자. 그때, 저 사람은 일부러 나를 피하는 거라고 생각하는 사람은 그렇게 생각함으로써 그 이상 그 사람과의 관계 속으로 들어가지 않겠다고 결심한 사람이다. 이 사람이 이렇게 결심한 건 관계가 생기지 않으면 그 사람에게 미움받을 일도 없기 때문이다.

혹은 좀 더 적극적으로 자신의 매력을 보여 주자고 생각하다가도 자신이 없어서 그만두는 사람도 있다. 그럴 때마다 적극적이 되지 못하는 자신의 생활 양식이 답답하고 불편하지만 지금의 생활 양식을 다른 것으로 바꾸면 당장 어떤 일이 일어날지 모르기 때문에 바꾸려고 시도하지 않는 것이다.

이런 경우, 생활 양식을 바꾸려면 생활 양식을 바꾸지 않겠다는 평소의 결심을 멈추는 것이 선행되어야 한다.

그 다음에는 어떤 생활 양식을 선택하면 될지 알아야 한다. 이미 살펴보았듯이 아들러 심리학에서는 타인을 친구로 인식하고 그 친구에게 공헌함으로써 자신이 가치 있다고 여기며 타인과의 관계 속으로 들어갈 수 있다고 생각하는 생활 양식을 선택하라고 권장한다.

한편 앞에서 아이는 열 살 전후에 생활 양식을 선택한다고 얘기했다. 즉, 부모와는 달리 이 생활 양식으로 살아야겠다는 결심을 아직 하지 않은 아이도 많다는 이야기다. 그런 아이는 변하려고 결심하면 부모보다 훨씬 쉽게 변할 수 있다.

### 부모가 친구가 되기 위해

그렇다면 아이가 생활 양식을 바꾸도록 하기 위해 부모는 어떤 지원을 할 수 있을까? 부모가 '아이의 친구'가 되어 주면 된다. 설령 아이의 친구가 부모 외에 한 명도 없다 해도 아이가 부모만은 자신의 친구라고 생각하게 되면 그 아이는 반드시 변한다.

156

그런데 아이를 야단치면 아이는 부모를 친구라고 생각하지 못하게 된다. 자신을 야단치는 부모와의 관계는 결코 가깝게 느껴지지 않기 때문이다.

한편 아이는 자신을 칭찬하는 부모를 처음에는 친구라고 생각할 수도 있다. 그러나 항상 칭찬만 받으면 자신은 과제를 해결할 능력이 없다고 생각하게 된다. 칭찬한다는 것은 '원래는 할 수 없는 것인데 했다'는 전제가 깔려 있기 때문이다.

부모는 아이가 절대로 할 수 없는 일을 어쩌다 했다고 생각해서 '대단하네.'라고 칭찬하는 것이므로 그런 말을 듣는다 해도 아이는 전혀 기쁘지 않다. 그래서 아이는 자신을 칭찬하는 부모 역시 자신의 친구라고 생각하지 않게 된다.

### 정리

- 먼저 부모가 아이의 친구가 되어야 한다.
- 부모를 친구로 인식하게 되면 그 아이는 반드시 변한다.
- 한편 아이는 야단치거나 칭찬하는 부모를 자신의 친구로 생각하지 못한다.

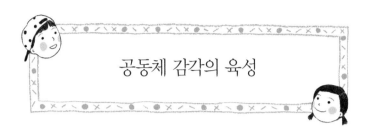

# 공동체 감각의 육성

**자신을 향한 관심에서 타인을 향한 관심으로**

야단맞으며 자란 아이는 어떤 일을 할 때 혹시 야단맞진 않을까 하는 것만 생각하며 남의 눈치를 보게 된다. 자신을 야단치는 사람을 비롯해 다른 사람을 친구라고 생각하지 못하게 되고 결국 타인에게 공헌하려 하지 않고 야단맞지 않기 위해 자신만 생각하게 된다.

칭찬받고 싶어 하는 아이도 자신이 어떤 일을 해서 타인에게 공헌하는 것에는 관심이 없고 그저 칭찬받는 것만을 생각하는, 즉 자신만 생각하는 아이가 되고 만다.

이렇게 자기밖에 관심이 없는 아이의 경우, 타인에게 관심을 가질 수 있도록 도와줘야 한다. 아들러는 '육아와 교육의 목표는 공동체 감각을 육성하는 것'이라고 했다. 공동체 감각이라는 말로 번역되는 이 용어를 영어로는 'social interest'라고 하는데 이것은 사회적 관심, 즉 '타인에 대한 관심'이라는 뜻이다. 자기에 대한 관심self interest을 타인에 대한 관심으로 바꾸는 것이 공동체 감각을 육성한다는 것의 가장 기본적인 뜻이다.

### 실패를 두려워하지 않는다

자신의 일 외에 다른 일에는 관심이 없는 아이는 실패를 두려워한다. 과제에 도전해서 해결하려고 하기보다는 만약 과제를 해결하지 못하면 다른 사람들이 어떻게 생각할지를 생각한다. 타인의 평가가 신경 쓰여서 아예 과제에 도전조차 하지 않기도 한다. 과제에 도전하지 않으면 '만약 그때 과제에 도전했다면 할 수 있었을 텐데'라는 가능성을 남길 수 있기 때문이다.

반면 용기가 있는 아이는 다른 사람이 어떻게 생각할지 신경 쓰지 않는다. 또 과제를 해결하여 자신을 좋게 보이려고 하지도 않는다. 자신만 생각하는 것이 아니라 타인에게 관심이 향하고 있으므로 과제를 달성하는 것에만 관심이 있기 때문이다. 그런 사람은 과제를 둘러싼 인간관계가 어떻게 되든 개의치 않는다.

과제가 주어지면 자신이 할 수 있는 일부터 시작하고, 실패하면 다시 한 번 하면 된다고 생각한다. 실패하면 두 번 다시 도전하지 않는 것은 '사람들이 어떻게 생각할까'를 의식하는 일에서 벗어나지 못하기 때문이다.

이렇게 아이가 평가받거나 실패하는 것을 두려워하지 않으면 타인과의 경쟁에서도 자유로워진다. 공동체 속에서 살며 타인의 지원을 받고 자신도 타인에게 공헌하자는 아들러의 생각은 경쟁이 아닌 협력 관계를 전제로 하고 있다.

**정리**

- 사람과의 관계에 들어가는 용기를 지닌 아이는 다른 사람이 어떻게 생각할지 신경 쓰지 않는다.
- 과제가 주어지면 그 과제를 달성하는 데만 관심이 있으며 실패나 다른 사람의 평가를 신경 쓰지 않는다.
- 그러므로 타인과의 경쟁에서도 자유로워진다.

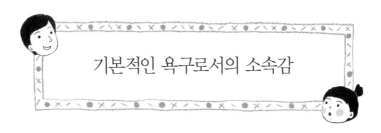

# 기본적인 욕구로서의 소속감

## 나는 공동체의 중심에 있지 않다

타인에게 관심을 갖도록 도와주는 것은 결코 쉬운 일이 아니다. 아들러 심리학에서는 소속감을 인간의 기본적인 욕구라고 생각한다. 이때 소속감은 '여기에 있어도 된다'는 느낌, 예를 들어 가족이나 학교, 직장이라는 공동체에 자신이 있을 곳이 있다는 느낌을 말한다.

그러나 공동체에 소속된다는 것은 공동체 '안'에 있는 것이지 공동체의 '중심'에 있다는 말은 아니다. 이렇게 자신이 공동체 중심에 있어야 하는 것은 아니라는 점을 알고 있는 아이는 타인이 자신에게 특별히 주목하지 않아도 불평하지 않는다.

## 자신이 타인에게 무엇을 할 수 있는가

그런데 어떤 사람은 자신이 공동체의 중심에 있어야 한다고 생각한다. 그런 사람은 타인이 자신을 위해 존재한다고 생각한다. 그래서 타인이 자신의 기대를 충족시키지 않으면 분개한다.

물론 아이는 처음에는 부모로부터의 전면적인 지원이 없으면 한시도 살아갈 수 없다. 그리고 그렇게 해서 부모의 지원을 받는 사이에 자연스럽게 자신이 공동체의 중심에 있다고 생각하기 시작한다. 이렇게 자신에게만 관심을 갖고 있는 아이는 다른 사람이 자신에게 무엇을 해 줄지만 생각하게 된다.

자신의 관점에서만 사물을 생각하고 행동하는 사람은 타인도 자신과 똑같이 생각하며 행동한다고 생각한다. 그래서 자신은 전혀 생각하지 못하는 것을 생각하는 사람을 보면 이해할 수 없다는 이유로 그 사람을 배제해 버린다. 이런 사람에게 있어 자신이 이해할 수 없는 사람과 공존하는 것은 절망적일 만큼 힘든 일이기 때문이다.

그러나 타인에게 관심이 있는 사람은 타인이 자신에게 무엇을 해 주는지가 아니라 자신이 타인에게 무엇을 할 수 있는지에 관심을 갖는다.

사람은 혼자서 살아가지 못하므로 다른 사람의 지원이 필요하다. 그때 다른 사람에게 받기만 하지 않고 타인과의 연결 속

도와줘서 고마워!

에서 자신이 타인에게 공헌할 수 있다고 느낄 수 있어야 한다.

그렇게 해서 타인에게 공헌할 수 있다고 느끼면 아이는 자신이 가치 있다고 생각하기 시작한다. 그리고 인간관계를 회피하지 않고 그 속으로 들어가는 용기를 지니게 된다. 그런 용기를 지니도록 도와주는 것을 '용기를 준다'고 한다.

정리

- 자신이 공동체의 중심에 있어야 하는 건 아니라는 점을 알고 있으면 타인이 자신에게 무엇을 해 주는지가 아닌, 자신이 타인에게 무엇을 할 수 있는지를 생각할 수 있다.

스스로 생각한다

## "있잖아, 그런 건 아빠가 걱정하지 않아도 돼."

아들은 초등학생이었을 때 목에 열쇠를 매달고 등하교를 했다. 집에 돌아오면 아무도 없었기 때문이다. 그러던 어느 날 아침, 항상 목에 걸려 있어야 할 열쇠가 보이지 않았다. 나는 열쇠를 잃어버렸다면 학교에서 돌아와도 집에 들어가지 못하진 않을까 싶어서 "열쇠가 없는 모양인데 괜찮니?"라고 물었다. 그러자 아들은 이렇게 대답했다. "있잖아, 그런 건 아빠가 걱정하지 않아도 돼." 아이는 만에 하나 열쇠를 잃어버렸을 때를 대비해 책가방 바닥에 여분의 열쇠를 넣어 둔 것이었다.

아들러의 육아론:

# 아이가
# 자립할 수 있도록
# 도와주자

## 중성 행동

### 문제 행동이란?

지금까지 나는 문제 행동이라는 용어를 사용했는데, 실은 이 단어를 써도 될지 다소 망설여졌다. 어떤 행동을 문제 행동이라고 하는지 정의하지 않았기 때문이다.

여기서 그 뜻을 명확히 하자면 문제 행동은 '공동체(가족, 직장, 학교, 지역 등)에 실질적으로 피해를 입히는 행동'을 말한다.

실질적인 피해를 입히는 것이 아니라면 그것은 문제 행동이라고 할 수 없다. 예를 들어 아이가 공부를 하지 않으면 부모는 싫어할 수도 있고 그래서 공부하지 않는 아이를 야단칠지도 모르지만 그 일이 실질적으로 부모에게 피해를 주진 않으므로 공부를 하지 않는 것은 문제 행동이라고 할 수 없다.

앞에서, 야단치는 것은 주목하는 것인데 이렇게 주목하면 안 된다고 했다(41쪽). 그런데 부모가 아이를 야단칠 때 아이가 한 행동이 문제 행동이 아닌 경우가 많다. 그렇다면 그런 행동에는 주목하면 안 된다기보다는 주목할 필요가 없다고 하는 편이 적절한 표현일 것이다.

## 문제는 아니지만 적절하지도 않은 행동

그러면 공동체에 실질적으로 피해를 입히지 않는 행동은 전부 적절한 행동인가 하면 그렇지는 않다. 공부를 하지 않으면 본인만 곤란하고 다른 사람은 곤란하지 않으므로 공부하지 않는 것은 문제 행동이 아니다. 그렇다고 해서 공부하지 않는 것을 적절한 행동이라고 할 수는 없다. 수업을 듣지 않으면 본인만 곤란하긴 해도 교사라면 그런 행동을 방치할 수는 없다. 그런 경우 그런 행동을 문제 행동도 아니고 적절한 행동도 아닌 '중성 행동'이라고 한다.

그런데 부모나 교사는 공부를 하지 않는 것, 준비물이나 물건을 잃어버리는 것 같은 중성 행동에 '문제 행동'이라는 꼬리표를 붙인다. 물론 아이가 지하철 안에서 큰소리를 내는 것 같은, 남에게 폐를 끼치는 일을 했을 때는 보고만 있을 수 없다. 이것은 부모의 주목을 끌려고 하는 것이니까 주목하지 않고 그냥 두자고 생각하며 아무것도 하지 않으면 사람들은 부모의 상식을 의심하게 된다. 그러나 중성 행동에 대해서는 본인의 의지를 존중해야 하므로 부탁하지도 않았는데 개입할 권리는 없으며 야단칠 필요도 없다.

그렇다면 중성 행동에는 어떻게 대처하면 좋을까? 또 어떤 행동이 중성 행동일까? 이것을 알기 위해 과제의 분리와 생각하는 법부터 살펴보자.

### 정리

- 공부를 하지 않거나 물건을 잃어버리는 등 본인은 곤란하지만 부모(공동체)에게 피해를 입히지 않는 행동을 '중성 행동'이라고 한다.
- 이런 행동에 대해서는 아이 자신의 의지를 존중해야 하므로 부모가 야단칠 필요가 없다.

# 과제의 분리

### 누구의 과제인가?

어떤 일의 최종 결말이 누구에게 영향을 미치는가, 또는 **어떤 일의 최종 책임을 누가 져야 하는가를 생각하면 그 일이 누구의 과제인지 알 수 있다.**

예를 들어 공부를 하고 안 하고는 누구의 과제일까? 공부를 하지 않으면 그 결말은 아이에게 영향을 미치며 어른(부모)에게는 아무 영향도 미치지 않는다. 또는 공부를 하지 않은 것에 대한 책임은 아이가 져야 하며 어른이 아이를 대신해서 그 책임을 져 줄 수는 없다.

준비물을 잘 챙기는 것도 아이의 과제다. 학교 선생님은 종종 '준비물을 잊지 않도록 확인해 주세요.'라고 말한다. 그러나 부모

가 꼬박꼬박 준비물을 확인하면 아이는 준비물을 잘 챙겨 가겠지만 부모가 아침에 바빠서 준비물을 확인하지 못하면 아이는 준비물을 빼놓고 갈 것이다. 그럴 때 학교에서 돌아온 아이는 이렇게 말한다.

"엄마(아빠)가 준비물 잘 챙겼는지 확인하지 않아서 빼놓고 갔잖아."

아이가 이런 말을 했을 때 과제라는 용어를 쓰진 않았겠지만 많은 사람이 "준비물을 잊지 않고 챙겨 가는 건 네 과제잖니"라는 취지의 말을 하지 않았을까?

물론 아이가 아주 어리다면 스스로 준비물을 빠뜨리지 않도록 확인할 수 없다. 그러나 사실 아이는 어른이 생각하는 것보다 더 빠른 시기에 스스로 할 수 있게 된다. 그런데도 부모가 계속 아이의 과제를 대신 해 주면 아이는 아무리 시간이 지나도 자립하지 못한다.


### 타인의 과제에 개입하는 것이 문제를 만든다

부모 자식 관계를 비롯해 모든 인간관계의 문제는 남의 과제에 제멋대로 개입하거나 개입당해서 일어난다. 예를 들어 부모는 아이가 공부하는 것이 당연한 일이므로 아이에게 '공부하라'고 하지만 사실은 '공부하라'고 하면 안 된다. 원래 공부는 아이의 과제이므로 부모가 아이에게 '공부하라'고 요구할 수 없는 것이다. 그러므로 부모는 아이의 공부에 관해서 아무 말도 하지 않아도 된다.

"하지만 공부하라고 말하지 않았는데 정말로 공부를 안 하면 어떻게 하죠?"

많은 부모가 이렇게 걱정한다. 아마 아이는 공부를 하지 않을 것이다. 그렇지만 아이가 스스로 판단해서 공부해야겠다고 생각할 때까지 부모는 조용히 지켜볼 수밖에 없다.

**정리**

- 공부를 하거나 준비물을 챙겨 가는 것은 아이의 과제이므로 부모가 그 책임을 대신 져 줄 수는 없다.
- 아이는 부모의 생각보다 더 빨리 스스로 할 수 있게 되므로 부모는 아이가 스스로 하려고 할 때까지 조용히 지켜봐야 한다.

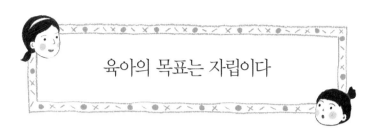

## 육아의 목표는 자립이다

### 아이의 과제에 간섭하지 않는다

아이에게 공부를 열심히 하라고 강요한다고 해서 아이가 배움의 기쁨을 알게 되진 않을 것이다. 설령 부모의 말을 듣고 공부해서 좋은 성적을 받았다 해도 부모에게 졌다고 생각한 아이는 반항의 의미로 다시 공부를 안 할 수도 있다.

지금까지 부모가 아이에게 '공부해라.'라고 했지만 공부를 하지 않았다면 앞으로도 마찬가지로 공부하라고 해도 아이가 마음을 바꿔서 공부하지는 않을 것이다. 그렇다면 아무 말도 하지 않으면 어떻게 되는지 한 번쯤은 시험해 볼 가치가 있다.

한 엄마는 아이의 공부에 일절 입을 열지 말자고 결심했다. 그러자 당장에 아이와의 소통이 완전히 없어졌다. 하지만 그래도 괜찮다. 그 상태에서 공부 이외의 화제를 찾아서 이야기하고 그렇게 함으로써 사이가 좋아지면 된다.


## 자립을 위해 지원하는 것이 부모의 과제다

나는 초등학생이었을 때 통학 거리가 약간 먼 곳에 살고 있었다. 그렇다 보니 학교에서 집까지 아이 걸음으로 30분 정도 거리여서 일단 집에 돌아가면 다시 밖으로 나가지 않았다. 그러던 어느 날, 친구에게 전화가 걸려 왔다. 자기 집으로 놀러 오라는 것이었다.

나는 엄마에게 지금 놀러 가도 되냐고 물었다. 그러자 엄마는 이렇게 대답했다.

"그런 건 스스로 결정해도 된단다."

엄마에게 그런 대답을 듣고서 나는 그 순간 지금까지 뭐든지 엄마에게 결정을 미루어 왔다는 것을 깨달았다. 교우 관계는 아이의 과제이므로 부모도 끼어들 수 없다. 따라서 놀러 갈지 말지는 자신이 결정할 일이라는 것을 그때 처음으로 알았다.

교우 관계도 아이들의 과제이므로 부모는 기본적으로 아이가 누구와 사귀든 간섭할 수 없다. 만약 아주 어린아이라면 "이 아이랑 같이 놀아."라고 할 수도 있겠지만 초등학생이라면 아이의 교우 관계에 입을 열 수 없다. 항상 이 일은 누구의 과제인지 생

각하여 부모의 과제와 아이의 과제를 분리해야 한다. 그렇게 하지 않으면 아이들은 '본래 자신이 해야 하는 과제'를 하지 않게 된다.

물론 어린아이는 하나부터 열까지 부모의 손을 빌려야 살아갈 수 있다. 그러다가 점차 부모의 지원이 없어도 할 수 있는 일이 조금씩이라도 많아져야 한다. 육아의 목표는 아이가 자립하는 것이다. 그런데 아이가 자립하기 싫다고 생각하거나 부모가 아이의 자립을 방해하는 경우도 있다.

**정리**

- 공부도 교우 관계도 아이의 과제이므로 부모는 관여할 수 없다.
- 아이가 부모의 지원 없이도 스스로 할 수 있는 일이 늘어나 자립하게 하는 것이 육아의 목표다.

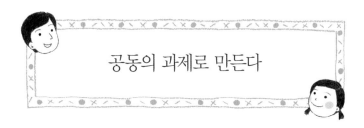

# 공동의 과제로 만든다

## 절차를 밟는다

부모는 아이의 과제에 일절 입을 열 필요가 없지만 절대로 관여할 수 없다는 것은 아니다. 원래는 아이의 과제여도 절차를 잘 밟으면 부모와 아이의 '공동의 과제'로 만들 수 있다. 그러나 모든 일을 공동의 과제로 만들 수는 없다. 부모나 아이 중 한쪽이 이것을 공동의 과제로 하자고 부탁하고, 다른 한쪽이 그러자고 수락해야만 비로소 공동의 과제가 된다.

구체적으로 어떻게 하면 공동의 과제로 만들 수 있는지 예를 들어 알아보자.

"요즘 널 보면 공부를 잘 안하는 것 같아. 그에 관해서 한번 같이 이야기를 좀 하고 싶은데 괜찮겠니?"

## 개입이 아닌 지원

부모가 이렇게 말했을 때 아이가 도와 달라고 요청하면 부모는 가능한 범위에서 아이를 지원할 수 있다. 그러나 대개는 부모가 그렇게 말해도 "제가 알아서 할게요."라고 할 것이다. 그런 때는 이렇게 말하면 된다.

"지금 사태가 네가 생각하는 만큼 낙관적이진 않지만 언제든지 힘이 되어 줄 테니까 말하고 싶어지면 꼭 말해 주렴."

누구의 과제인지, 그리고 부모와 아이의 관계는 대등하다는 것을 확실하게 이해하지 못하면 지원이 아니라 개입이 되어 버린다. 실제로 너무 많은 부모가 '너를 위해서'라는 명분을 내세워 아이의 과제에 개입한다. 그런데 부모와 아이의 관계가 대등하고 과제를 분리할 수 있다면 그것은 지원이지만, 부모와 아이의 관계가 상하 관계고 과제를 분리할 수 없다면 그것은 개입이다.

요즘 세상에 사랑을 못 받고 자라는 아이는 거의 없을 것이다. 오히려 요즘 부모들을 보면 애정 과다 상태인데 아이들을 보면 애정 결핍 상태, 즉 사랑받고 있는데도 더 사랑해 달라고 요구하고 있다. 그러므로 부모가 아이의 과제를 공동의 과제로 삼는 것보다는 아이가 자신의 과제에 스스로 도전할 수 있도록 지원하는 것이 더 중요하다.

그런데 이것은 부모에게는 참 어려운 일이다. 차라리 아이의 과제에 개입하며 잔소리를 하는 편이 편하다. 물론 아이가 곤란해 하면 부모가 도와주겠다고 할 수는 있다. 그런데 만약 상대가 친구라면 상대가 과제를 부탁하지도 않았는데 제멋대로 개입하진 않을 것이다. 부모 자식 간과 달리 적당한 거리가 있기 때문이다. 물론 친구이니 상대방이 곤란할 때 그 일에 무관심하진 않는다.

부모가 자기 아이라고 해서 아이의 과제에 제멋대로 개입하면 분명히 부모와 아이 사이가 나빠진다. 자신의 과제를 간섭당한 아이는 간섭하지 말라고 항의한다. 아니면 자신은 아무것도 하지 않아도 된다고 생각하거나 자신의 책임을 부모에게 떠넘기는 경우도 있다.

**정리**

- 아이의 과제지만 부모가 도와주겠다고 말하고, 아이가 그 지원을 필요로 한다면 공동의 과제로 삼을 수 있다.
- 그러나 부모가 마음대로 개입하며 간섭해서는 안 된다.

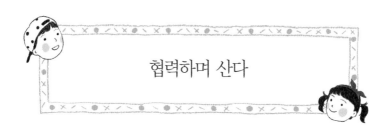

# 협력하며 산다

### 엉킨 실타래를 푼다

과제의 분리에 대해 배운 부모 중에는 모든 일을 부모의 과제인지 아이의 과제인지 분류하고, 아이의 일에 관해서 한마디도 하지 않는 부모도 있다.

실타래가 엉켜 있는 것처럼, 현재 상태로는 부모의 과제인지 아이의 과제인지 알 수 없는 일이 많을 때는 이것은 부모의 과제고 저것은 아이의 과제라는 식으로 과제를 분리하는 일이 필요하다.

한편 어떤 부모는 아이에게 '너를 위해서'라는 말을 내세워 공부를 시키거나 나중에는 아이의 진로나 결혼 상대를 선택하는 데까지 관여하면서 아이의 과제에 개입하려고 하는데, 이는 사실 아이를 위해서가 아니라 부모 자신을 위해서일 뿐이다. 이런 경우 과제를 분리하고 부모가 아이의 과제에 개입하기를 단념하면 그렇게 하는 것만으로 문제가 해결되기도 한다.

### 지원받고 지원한다

그렇지만 최종 목표는 과제의 분리가 아니다. 사람은 누구나 혼자서는 살아갈 수 없다. 누군가에게 지원을 받고 자신도 다른 사람을 지원해야 하기 때문이다.

물론 자신의 과제이며 자기 힘으로 수행할 수 있는 것까지 타인에게 도움을 요청하는 것은 어리광에 지나지 않는다. 또 아이가 할 수 있는 일마저 부모가 거기에 개입하는 것은 아이에게 어리광을 부리게 하는 것일 뿐이다. 부모는 아이가 정말로 혼자 힘으로 할 수 없는 일이 있어서 도와달라고 요청했을 때만 도와주어야 한다.

또한 그것이 아이의 과제라면 아무것도 하지 않고 조용히 지켜봐야 한다. 그렇지만 아이의 과제는 반드시 아이에게 시킨다는 식의 발상은 부모와 아이 사이를 불편하게 만든다. 원래 아이의 과제인데 그 과제를 부모가 아이에게 '시키다'니 이상하지 않은가?

서로 지원하고 지원받아야 한다는 것은 일반적인 인간관계에서도 똑같이 적용된다. 일어서기 힘들어 하는 사람을 보고 주저 없이 손을 뻗어서 도와주는 것은 상대의 자존심에 상처를 입히는 일이 아니다. 또 그 손을 잡고 일어나는 행위, 즉 도움을 받았다고 해서 그 사람이 의존적으로 변하는 것도 아니다.

**최종 목표는 과제의 분리가 아니라 협력하며 사는 것이다.** 그리고 협력할 수 있는 것은 과제가 분리되어 있기 때문이다. 그런데 아이의 과제를 아이가 스스로 '하게끔 시켜서' 아이의 자립을 촉구해야 된다고 생각하는 사람이 많은 것 같다. 그러나 '시키는' 것은 아이를 자립시키지 못한다. 부모가 '시켜서 자립한' 아이는 자립한 것이 아니기 때문이다. 부모가 할 수 있는 것은 아이가 '자립하는' 일을 지원하는 것뿐이다.

**정리**

- 최종 목표는 누군가에게 지원받고 자신도 다른 사람을 지원하는 식으로 부모와 아이가 협력하며 사는 것이다.
- 그러려면 부모도 아이도 자립한 상태여야 하지만 부모가 아이를 '자립시킬' 수는 없다.
- 부모가 할 수 있는 것은 아이가 '자립하는' 일을 지원하는 것뿐이다.

언제든 힘이 되어 줄게.

말로 해결한다

# "그런 건 진짜로 강한 게 아니야."

어느 날 집에서 아들과 아들의 친구가 이야기를 하고 있었다. 그러다가 싸움을 자주 해서 다른 친구들이나 선생님, 부모를 곤란하게 하는 친구가 화제가 되었다.

"걔는 강해 보이지만 그런 건 진짜로 강한 게 아니야."

"맞아, 나도 그렇게 생각해."

'진짜로 강한 게 뭔데?' 그 순간 나는 나도 모르게 그렇게 묻고 싶었다. 어떤 문제가 일어나면 그 문제를 힘으로 해결하는 것이 아니라 말로 해결하는 것이 진짜로 강한 게 아닐까? '진정한 강함'에 대해 이야기하는 아이들로부터 부모가 배울 점이 많다고 느꼈다.

아들러의 육아론:

# 아이와
# 좋은 관계를
# 형성하자

# 아이를 존중하자

### 존중에는 이유가 필요 없다

지금까지 야단치거나 칭찬하는 전통적인 육아법의 문제점을 짚어 보고 그에 대신하는 용기를 주며 아이와 함께하는 방법을 살펴보았다. 그러나 지금 있는 문제를 없애는 것만으로는 충분하지 않다. 이 장에서는 부모와 아이가 어떤 관계로 지내면 좋은 관계라고 할 수 있는지 생각해 보자.

우리의 아이들이 어떤 아이든 아이와의 인연을 끊을 수는 없는 노릇이다. 우리 눈앞에 있는 아이는 결코 다른 아이와 바꿀 수 없는, 유일무이한 존재다. 그리고 이런 아이를 있는 그대로 받아들이는 것이 아이를 존중하는 것이다.

그러나 사실 부모는 아이가 이렇게 되었으면 좋겠다고 기대하며 부모가 꿈꾸는 모습을 강요한다. 부모는 자신의 '이상'에서 현실에 있는 아이를 빼는 뺄셈으로 생각하기 때문에 아이가 아무리 적절한 행동을 해도 그것을 인정하지 못한다.

하지만 아이를 존중하는 데는 이유가 필요 없다. 문제가 있든 부모의 이상과 다르든 아이가 살아 있다는 것 자체가 고마운 일이다. 부모가 아이를 그렇게 보면 아이는 '내가 어떤 특별한 행동을 하지 않아도 되는구나' 하고 생각하게 된다. 특별히 뛰어나거나 특별히 나쁘지 않아도 된다는 것, 부모의 기대를 충족시키지 않아도 된다는 점을 아이가 배워야 하는 이유는 앞에서 설명했다(147쪽).


## 부모가 먼저 아이를 존중한다

이 경우 부모가 먼저 아이를 존중해야 한다. 이 세상에는 억지로 얻을 수 없는 것이 두 가지가 있는데 그중 하나가 바로 사랑이다. '날 사랑해라'라는 말을 듣는다고 그 사람을 사랑하게 되진 않는다. 존중도 마찬가지다. 따라서 부모는 아이에게 존중받고 사랑받는 사람이 되도록 노력하는 수밖에 없다.

부모 자식 관계를 비롯해 사람과 사람의 관계는 원래 일방통행이다. 당신이 나를 존경한다면, 나를 사랑한다면 나도 당신을 존경하겠다, 사랑하겠다는 것은 거래다. 하지만 인간관계는 결코 이런 거래가 아니다. 그러므로 부모가 먼저 아이에게 다가가야 한다.

존중이라는 말을 영어로는 'respect'라고 한다. 이 말의 어원은 '되돌아본다'이다. 평소에 잊고 지내던 것을 다시금 떠올린다는 뜻이다. 우리는 '이 아이는 어떤 것과도 바꿀 수 없는 존재다', '이 아이와 나는 지금 이렇게 함께 있지만 결국 언젠가는 헤어져야 할 날이 온다'라는 사실을 잊고 지낸다. 하지만 '그때까지 하루하루를 소중히 여기고 사이좋게 존중하며 살자'라는 마음가짐을 매일 성실하게 되새기자. 아이가 자립하는 날이 아이와 헤어지는 날이다.

정리

- 먼저 부모가 아이를 있는 그대로 받아들이고 아이가 살아 있다는 것의 고마움을 생각하며 진심으로 아이를 존중하자.

아이를 신뢰하자

### 신뢰와 신용의 차이점

신용은 믿을 만한 근거가 있을 때 믿는 것이다. 반면 신뢰는 무조건이다. 믿을 만한 근거가 없을 때도 믿는 것이다.

만약 아이가 '내일부터 공부할게요.'라고 하면 그 말을 의심하지 말고 믿어 주자. '네가 그런 말을 한두 번 했니?'라고 말하면 안 된다. 물론 그때까지 몇 번이나 속아 넘어간 부모는 아이의 말을 곧이곧대로 믿을 수 없겠지만 말이다.

원래 모든 일이 명백하게 알려져 있다면 믿을 필요가 없다. 신뢰한다는 것은 지금 일어나고 있는 일이나 앞으로 일어날 일에 불확실한 부분이 있을 때 그 잘 모르는 부분을 자신의 주관으로 보완하는 것이다. 확실한 지식이 있거나 믿을 만한 근거가 있을 때만 믿는 것은 '신뢰'라고 할 수 없다.

## 있는 그대로를 보지 않는다

미래에 대해서는 무슨 일이 일어날지 모르니까 믿을 수 없다고 치자. 그러면 현재 있는 사실은 전면적으로 믿을 수 있고 불신할 여지가 없느냐 하면 그렇지도 않을 것이다.

실제로 부모는 아이의 '있는 그대로의 모습'을 보지 않는다. 아이가 어느 날 공부를 하지 않더라도 그 아이가 평소에 공부를 열심히 했다면 부모는 '오늘은 공부를 하지 않았지만 가끔은 쉴 필요도 있지.'라고 생각하거나 오늘은 예외이며 앞으로는 공부를 할 거라고 생각한다.

그러나 앞의 경우와 같이 평소에 공부를 열심히 하지 않는다고 생각하던 아이가 어느 날 공부를 하지 않았다면 부모는 '앞으로도 오늘 같은 일이 계속되지 않을까' 하고 생각할지도 모른다. 또는 아이가 그날만 공부하지 않았던 경우에도 부모는 그 아이가 앞으로도 쭉 공부하지 않을 거라고 판단할 수도 있다. 이럴 경우 아이가 "내일은 공부할 거예요."라고 해도 그 아이의 말을 믿을 수 없을 것이다.

이 어른은 '사실'을 보는 것이 아니라 사실에 '의미를 부여하고' 있는 것이다. 어른이 '이 아이는 믿을 수가 없어.'라고 생각한다면 그렇게 부여한 의미를 바탕으로 아이의 행동을 보기 때문에 아이가 무엇을 해도 부모는 아이를 믿지 않는다.

이처럼 어른이 아이를 신뢰하지 못하는 것은 아이의 말이 미래에 관한 내용이어서가 아니다. 현재의 사실에 어떤 의미를 부여하는지에 따라서 아이를 믿기도 하고 믿지 않기도 하는 것이다.

정리

- 어른은 아이의 '있는 그대로의 모습'을 보지 않는다.
- 지금까지의 행동을 근거로 사실에 '의미를 부여하고' 본다.
- 믿을만한 근거가 있을 때만 믿지 말고 아이를 무조건 믿어주자.

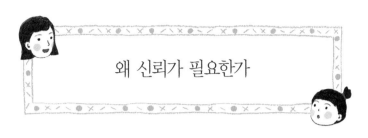

# 왜 신뢰가 필요한가

## 공헌감을 갖기 위해

왜 신뢰 관계를 쌓아야 할까? 어른을 불신하는 아이는 이 세상 전반을 신뢰하지 못한다. 이 세상은 위험한 곳이며 다른 사람들은 틈만 있으면 자신을 함정에 빠뜨리려고 하는 적이라고 생각한다.

그런 아이는 사람과 관계 맺기를 두려워하며 적극적으로 친구를 만들려고 하지 않는다. 사람과 섞이면 사람에게 미움을 받거나 배신당하는 등 괴로운 일이 생긴다는 것을 알고 있기 때문이다.

그러나 다른 사람을 적으로 간주하고 가까워지지 않으려 하는 아이는 다른 사람에게 도움을 줄 기회가 없으므로 공헌감을 느끼지 못한다. 앞에서 설명했듯이 자신은 다른 사람에게 쓸모없는 존재가 아니라 도움을 주는 존재라고 생각할 때 자신이 가치 있다고 여기게 되고 그런 자신을 좋아하게 된다. 다른 사람과 관계 맺으려 하지 않고 타인을 도우려 하지 않는 아이는 자신을 좋아할 수 없다.

## 부모가 아이의 친구가 된다

이때 설령 아이가 다른 사람을 적이라고 생각해도 부모만은 아이를 신뢰하고 아이의 친구가 되어야 한다. 이 세상에 단 한 명이라도 신뢰할 수 있는 친구가 있는 것과 없는 것에는 많은 차이가 있다.

하긴 한 번 타인이나 세상에 대한 신뢰를 잃게 된 아이라면 부모가 지금까지와는 다르게 아이를 전면적으로 신뢰하겠다고 결심하고 아이를 그렇게 대해도 쉽게 부모를 믿지 못할 수도 있다.

그러나 아이가 아무리 부모를 시험해도 부모가 순수하게 아이를 계속 믿어 주면 아이는 그런 부모를 배신하지 못할 것이다.

내 아버지는 내가 대학에서 철학을 전공하려고 하자 맹렬하게 반대했다. 아마도 내가 보통 사람이 사는 인생을 살면서 아무쪼록 인생에서 성공하길 바란 듯하다. 그런데 철학 같은 학문을 배우다니 말도 안 되는 일이라고 생각한 모양이다.

그러나 아버지는 내게 직접적으로 말하지 않고 어머니에게 반대하라고 시켰다. 그때 어머니는 아버지에게 이렇게 말했다.

"그 아이가 하는 일은 전부 옳아요. 그러니까 잠자코 지켜봅시다."

내가 하는 일을 무조건 믿어 준 어머니는 정말 든든한 친구였다. 내가 부모가 되고 보니 어머니가 나를 신뢰해 준 일이 기회가 있을 때마다 생각난다.

**정리**

- 아이를 무조건 신뢰하자.
- 어떤 때에도 아이를 신뢰하는 부모는 아이에게 든든한 친구가 된다.

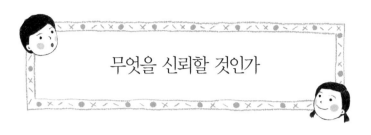

## 무엇을 신뢰할 것인가

### 과제를 달성할 수 있다고 믿는다

그러면 어떻게 하면 아이와의 신뢰 관계를 쌓을 수 있을까? 아이가 '내일부터 공부할게.'라고 해도 어른은 아이의 말을 신뢰하지 못한다. 그 말을 그때까지 백 번도 더 들었고 그때마다 낙담했기 때문이다. 그런 부모는 '빨리 공부해라.'라고 말하지 않으면 아이가 결코 공부하지 않을 거라고 생각한다. 하지만 사실은 그렇지 않다. 자신이 아무 말도 하지 않더라도 아이가 공부할 것이라고 믿어 주자.

매일 아침 아이를 깨우는 것은 그 아이는 깨우지 않으면 절대로 알아서 일어나지 않는다고 생각하기 때문이며 혼자 힘으로 일어날 수 있다고 신뢰하지 않기 때문이다. 하지만 실제로는 일

요일 아침에 친구와 낚시하기로 약속한 아이는 부모가 깨우지 않아도 일어나 친구를 만나러 나간다.

아이 자신이 과제를 혼자서 달성할 수 있다는 자신감이 없는 경우도 있다. 또 어른이 보기에 아이가 혼자 힘으로 과제를 달성할 수 없을 것 같은 경우도 있다. 그러나 그런 때조차도 아이는 자신의 과제에 어른이 간섭하거나 끼어들면 부모가 자신을 아무것도 할 수 없는 아이로 본다고 느껴서 자신감을 잃는다. 반면 부모에게 신뢰받고 있다고 생각하면 아이는 과제에 도전할 용기를 가질 수 있다.

그래도 어떻게든 아이에게 힘이 되어 주고 싶다면 '내가 도와줄 게 있으면 말해 주렴' 하고 말할 수는 있다. 그러나 아이가 도와 달라고 요청하지 않으면 부모는 아무것도 할 수 없다. 공동의 과제로 삼고 싶다는 요청이 없으면 부모는 아이를 신뢰하고 아이의 과제에 개입하지 않는 것으로만 아이의 자립을 지원할 수밖에 없다.

### 고난을 극복할 수 있다고 믿는다
아이가 상심하면 부모는 아이의 힘이 되어 주고 싶어서 '무슨 일 있었니?'라고 이것저것 캐묻는다. 그러나 그때는 가만히 내

버려 두는 것도 중요하다. 부모가 '힘들어 보이는구나.'라고 말하면 아이는 오히려 자신은 힘든 일을 혼자서 극복할 수 없는 사람이라고 인식할 수도 있다.

　물론 아이가 상심했을 때 '엄마(아빠)가 뭐 해 줄 수 있는 일이 있니?'라고 말을 걸 수는 있지만 아이가 지원을 요청하지 않으면 부모는 아무것도 할 수 없다. 이야기를 들어줄 수는 있겠지만 실제로 부모가 할 수 있는 일은 아무것도 없다. 그러니 부모가 아무것도 하지 않아도 아이는 고난을 극복할 수 있다고 믿고, 지켜보는 용기를 갖자.

정리

- 부모가 아이를 신뢰함으로써 아이는 과제를 수행할 용기를 낼 수 있다.
- 그러므로 부모는 아이를 믿고 지켜보는 용기를 갖자.

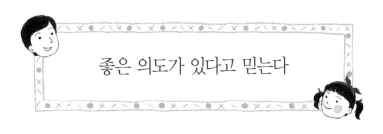

## 좋은 의도가 있다고 믿는다

### 아이의 좋은 의도를 본다

앞에서도 말했듯이 자신이 타인에게 도움을 줄 수 있다고 생각할 때 그런 자신을 좋아할 수 있는데, 타인을 적이라고 생각하는 아이는 타인에게 공헌하려고 생각하지 않을 것이다.

그러므로 어떻게든 타인을 '필요할 때 자신을 도와주려고 하는 친구'라는 생각을 가지고 있어야 한다. 그런데 부모가 아이의 행동을 보고 감정적으로 야단치면 아이는 자신을 야단치는 부모를 친구라고 생각하지 않을 것이다.

부모는 아이의 행동이 얼핏 악의에서 비롯된 것처럼 보여도 그 자리에서 당장 아이를 야단치지는 않도록 해야 한다. 아이의 언행에 어떤 좋은 의도를 찾아낼 수 있다면 야단치지 않고도 해결할 수 있기 때문이다.

## 좋은 의도를 적절하게 표현하지 못하는 것일 뿐

아들이 네 살 때 딸이 태어났다. 어느 날 한밤중에 아들과 아내가 1층에 있는 화장실에 함께 내려갔다. 그러자 갑자기 엄마가 없어진 것을 알아차린 딸아이가 큰소리로 울기 시작했다. 잠시 후 아들이 쿵쿵거리며 계단을 올라갔다. 그때가 밤 10시 정도였는데 계단 바로 밑에 있는 1층 방에는 내 아버지가 주무시고 계셨다. 큰소리를 내며 계단을 올라갔으니 주의를 주려고 했지만 아들은 내 말을 막고 이렇게 말했다.

"만약 내가 큰소리를 내며 계단을 올라가면 엄마가 오는 줄 알고 동생이 울음을 그칠 거라고 생각했어."

아이의 변명을 들어 보지도 않고 다짜고짜 야단치면 아이와의 관계는 좋아지지 않는다. 어떤 경우에도 이 아이가 이런 일을 하는 데에는 분명히 어떤 이유가 있을 것이라고 생각하고 차분히 좋은 의도를 찾아보자. 이런 상황에서는 도저히 이성적이될 수 없다는 사람도 있겠지만, 자신이 이성적으로 차분히 좋은 의도를 찾아보게 되면 아이의 행동이 다른 방식으로 보여 분명히 관계가 좋아질 것이다. 그리고 아이의 좋은 의도를 이해하게 되면 그 의도를 적절한 방법으로 표현하지 못했다고 가르쳐 주

고, 어떻게 하면 부모가 화나지 않는 방식으로 표현할 수 있는지 함께 생각할 수 있다. 이때 좋은 의도의 '좋은'은 부모에게 '좋은' 것은 아니다.

앞에서 말했듯이 교육과 육아의 목표는 아이의 자립을 도와주는 것이다. 그리고 신뢰는 자립을 도와주기 위한 필수 항목이다. 따라서 과제를 확실하게 분리하고 아이가 자기 힘으로 할 수 있는 일에는 말로든 행동으로든 간섭하지 않고 지켜보며 아이 스스로 과제를 달성할 것이라고 신뢰해야 한다.

**정리**

- 아이의 언행에는 분명히 이유가 있다.
- 이성적으로 차분히 좋은 의도를 찾아보면 아이의 행동이 다른 방식으로 보일 것이다.

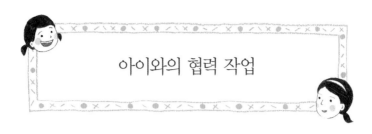

# 아이와의 협력 작업

## 잘 모를 때는 아이에게 물어보자

어린이집에 아이를 등하원시키던 시절이었다. 그때 아이를 어린이집에 데려다 주려고 해도 계속 아이가 늑장을 부려서 좀처럼 나가지 못한다며, 일하러 가야 해서 곤란한데 이럴 땐 어떻게 하면 좋을지 상담하러 온 사람이 있었다.

"그건 한 번 아이에게 직접 물어보시면 어떨까요?"

내가 이렇게 말하자 그 사람은 "그런 걸 물어봐도 괜찮을까요?"라고 놀라워했다. 하지만 당연히 내가 아니라 아이에게 먼저 물어봐야 한다.

다음 날 그 사람을 만났을 때 나는 어땠냐고 물어보았다.

"말씀하신 대로 아이에게 물어보았어요. '아침에 어린이집에 어떻게 하면 좋겠니?

안 갈 거야.

가는 시간이 늦어져서 참 힘든데 어떻게 하면 좋을까?'라고 했더니 아이가 '그거야 간단하지. 아침에 일찍 일어나면 되잖아.'라고 했어요. '그게 안 되니까 곤란한 거잖니' 하고 생각했지만 다시 한 번 물어봤죠. '그럼 아침에 일찍 일어나려면 어떻게 하면 좋을까?' 그러자 아이는 '일찍 자야지!'라고 하더군요. 그러곤 보통 때는 아무리 자라고 해도 안 자더니 그날은 8시가 되니까 잠자리에 들었어요. 그러더니 오늘 아침 6시에 일어나서 '엄마, 빨리 어린이집에 가자!'라고 하지 뭐예요."

아이들은 부모가 가장 난처한 시점에 가장 난처한 일을 한다. 이 아이도 그렇게 함으로써 부모의 주목을 끌려고 한 것이다. 직장에 가는 부모에게는 아이가 아침에 꾸물거리는 것이 가장 곤란한 일임을 알고 있었던 것이다.

부모를 곤란하게 만들어서 부모의 주목을 끌려고 하는 것은 평소에 부모가 아이의 적절한 행동에 충분히 주목하지 않기 때문이다. **아이가 부모가 난처해지는 일을 할 때는 아이와 그 일에 대해 의논하고 협력해 달라고 요청하면 된다.** 그리고 이렇게 부모와 아이가 서로 협력하는 것은 부모와 아이가 좋은 관계를 형성하고 있다는 증거다.

## 부모가 가장 잘 알고 있다

나는 이 상담을 받았을 때 지금 무슨 일이 일어나고 있는지 설명하고 조언을 해 줄 수도 있었다. 그러나 부모와 아이가 문제의 돌파구를 찾을 수 있을 것이라고 생각했기에 일부러 아무 말도 하지 않았다.

그 외에 그렇게 하지 않았던 또 한 가지 이유는 나보다 평소에 아이와 밀접하게 지내고 있는 엄마가 아이에 관해 더 잘 알고 있을 것이라고 생각했기 때문이다. 물론 부모라고 해서 아이의 모든 것을 다 알 수는 없는 법이다.

모르는 것이 있으면 안 된다는 말이 아니라 모르는 것이 있으면 아이에게 물어보면 된다는 뜻이다. 또 그렇게 할 수 있는 관계가 좋은 부모 자식 관계다.

정리

- 아이의 행동으로 난처할 때는 아이와 의논해서 협력해 달라고 하면 된다.
- 난처한 일이나 모르는 것을 아이에게 물어볼 수 있는 관계가 좋은 부모 자식 관계다.

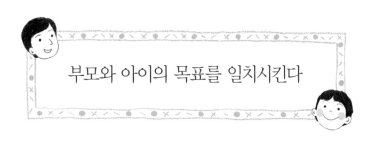

# 부모와 아이의 목표를 일치시킨다

### 반드시 아이와 의논하자

부모와 아이가 좋은 관계가 되려면 앞으로 무엇을 할지에 대해 부모와 아이의 목표가 일치해야 한다. 이때 부모의 목표와 아이의 목표 중 무엇을 우선시해야 하는지는 명백하다.

예를 들어 장래에 어느 학교에 갈 것인지 부모와 아이의 목표가 일치하지 않는다 해도 아이의 인생이므로 아이의 목표에 맞춰서 일치시킬 수밖에 없다. 물론 부모의 생각을 의견으로서 전할 수는 있겠지만 그것을 받아들일지 말지는 아이가 결정할 일이다. 아이가 어리다는 이유로 부모가 아이의 진로를 결정하는 경우가 있는데 그렇게 결정한다 해도 부모가 아이의 인생을 책임질 수는 없다.

그런데 아이의 의사를 존중해야 한다는 것은 인생에서 중대한 결단을 할 때만 그래야 한다는 것이 아니다. 이제부터 무엇을 할지, 어디로 외출할지 같은 사소한 일을 정할 때도 끊임없이 합의점을 찾아야 한다. 물론 아이의 생각을 일일이 들으면 시간이 걸린다고 생각하는 사람도 있다. 그러나 아이와 의논하지 않으면 그 아이는 아무리 시간이 흘러도 혼자서는 아무것도 결정하지 못할 것이다. 또한 일이 잘 되지 않았을 때 자신과 의논하지 않았던 것을 이유 삼아 부모에게 책임을 전가할 수도 있다.

### 나중에 변경할 수 있다

목표는 한 번 정한 후 계속 유지해야 하는 것은 아니다. **필요하다면 목표를 변경할 수도 있다.** 어떤 일을 처음부터 모두 통찰할 수 있는 사람은 아무도 없다. 만약 어떤 예상치 못한 일이 일어나면 처음에 세운 목표를 고수하지 않아도 된다. **벽에 부딪힌 지점에서 다시 생각해 보고 다시 결심하면 되는 것이다.** 한 번 한 결정은 끝까지 고수해야 한다고 생각하는 사람도 많이 있지만 때로는 철수라는 결단을 내리는 것도 중요하다.

지금은 아이가 어려서 해당되지 않겠지만 훗날 아이가 크면 좋아하는 사람이 생겨서 사귀거나 결혼하려고 할 것이다. 그때 부모는 아이의 결단에 반대할 수 없다. 누구와 사귀는지 누구와

결혼하는지는 아이의 과제고 아이의 인생이므로 아이의 인생
목표가 우선하기 때문이다.

　물론 결혼해서 살아 봤더니 자신의 결단이 틀렸다는 것을 알
게 되는 경우도 있다. 이런 경우 부모의 반대를 꺾고 한 결혼이
므로 이제 와서 생각을 바꾸면 부모에게 진 것이나 다름없다고
생각해 아이가 마음에도 없는 결혼 생활을 계속할 수도 있다.
그런 경우라면 아이 자신에게 불행한 일이라는 것을 알려 줄 필
요가 있다.

정리

- 앞으로 어떤 일을 하려고 할 때는 부모와 아이의 목표가 일
  치해야 한다.
- 부모와 아이의 목표가 다를 경우에는 아이의 목표를 우선
  시한다.
- 한 번 정한 목표도 벽에 부딪혔을 때는 변경할 수 있다.

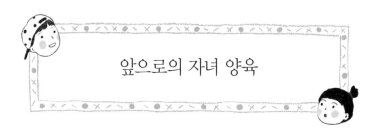

# 앞으로의 자녀 양육

## 용기를 주는 것의 문제

용기를 주는 것은 지금까지 보아 왔듯이 아이가 인생의 과제를 해결할 능력이 있다는 자신을 가질 수 있도록 지원하는 것, 다른 사람을 친구라고 생각할 수 있게끔 지원하는 것이다 (153쪽). 즉, 아이 자신이 판단하여 자신의 인생의 과제에 도전하게끔 도와주는 것이다. 부모는 아이의 과제를 대신해 줄 수도 없고 아이가 바라지 않는 방향으로 가게 할 수도 없다. 이 책에서는 '용기를 준다'고 표현했는데, 부모가 아이에게 할 수 있는 유일한 것은 바로 이러한 '지원'이며 결코 조종이나 지배여서는 안 된다.

이 말의 진정한 의미를 지키며 아이의 자립을 지원하려면 처음에는 부모가 참고 또 참아야 할 수도 있다. 만약 어떤 문제가 있을 때 아이에게 버럭 고함을 치면 아이는 당장 문제 행동을 그만둘 것이다. 그에 반해 아이에게 용기를 주는 방법에는 시간과 노력이 필요하다.

그러나 이 책에서 제안한 육아법을 실천하면 더 이상 아이를 야단칠 필요가 없어지며 아이도 야단맞을 필요가 없어진다. 만약 그래도 부모가 아이의 행동을 보고 야단쳐야겠다는 생각이 들었다면 그것은 이미 손쓸 수 없을 정도로 사태가 악화되었을 때라고 생각해도 무방하다.

평소에 아이가 '부모가 자신을 제대로 보고 있다'는 것을 알도록, 자칫하면 지나쳐 버리기 쉬운 아이의 공헌에 주목하고 '고마워', '도움이 됐어.'라고 말해 주면 아이와의 관계는 눈부실 정도로 개선될 것이다.


### 대등하게 존재할 것
아이를 부모의 생각대로 움직이는 것, 부모의 기대대로 키우는 것을 육아의 목표로 삼지 않으려면 부모가 어른과 아이는 같진 않지만 대등하다고 생각해야 한다(116쪽). 이 점을 이해하면 육아 기법은 자연히 따라온다. 반대로 마치 응용문제의 답을 외우듯이 육아 기법을 배운다 해도 어른과 아이가 대등하다는 점을 이해하지 못하면 그 기법은 오히려 해롭게 작용한다.

아마도 어떻게 하면 아이에게 용기를 줄 수 있을지 생각하기 시작하면 전과 달리 아이에게 하는 말이 적절한지 아닌지를 하나하나 생각하게 될 것이다. 그건 너무 불편하지 않느냐고 생각할 수도 있겠지만 그 정도로 신중하게 말을 선택하지 않으면 아이에게 상처를 주거나 아이를 짜증나게 하거나 화나게 만들게 된다.

이런 식으로 시행착오를 거듭하며 아이에게 용기를 주는 말을 하다 보면 어느 날 깨달을 것이다. 내가 아이에게 용기를 주는 것이 아니라 오히려 '내가 매일매일의 생활에서 아이에게 용기를 얻고 있구나' 하고 말이다.

정리

- 아이에게 용기를 주어서 자립할 수 있게 지원하는 육아는 처음에는 어렵다고 느낄지도 모른다.
- 그러나 매일 아이를 지켜보면서 용기를 주는 말을 하다 보면 어느 날 오히려 아이를 통해서 부모가 용기를 얻고 있음을 깨달게 될 것이다.

아이의 강인함

## "부모는 아이가 자라는 것을 지원할 수 있을 뿐이다."

나는 부모가 아이를 교육하는 것이 아니라고 생각한다. 부모는 아이가 자라는 것을 지원할 수 있을 뿐이다. 지금 당장 예전과 다른 방법으로 아이를 대할 수 없더라도, 아이의 문제에 간섭하거나 아이를 야단치더라도 걱정할 필요 없다. 아이는 부모가 없어도 자란다는 말이 있지만 사실 아이는 부모가 있어도 자란다고 하는 것이 더 정확한 표현일 수도 있다. 그만큼 아이는 강인한 존재다.

# 후기

　나는 종종 '아이가 이 세상에 태어난 그날부터 어른만큼 크다면 좋을 텐데.'라고 생각한다. 아이는 부모의 생각보다 더 빨리 많은 것을 이해하게 되지만 부모는 아이의 겉모습만 보고 어른보다 열등한 존재라고 생각하기 때문이다. 물론 아이에게 자신의 실력 이상의 것을 부과하면 용기를 꺾게 되므로 아이가 무엇을 할 수 있고 할 수 없는지 파악해야 한다.

　아이를 키울 때는 아이를 사랑한다는 막연한 생각이 아니라 구체적으로 지금 이 자리에서 어떻게 해야 하고 어떤 말을 해줘야 할지 알고 있어야 한다. 이렇게 말하면 머릿속으로는 알지만 실천하기가 어렵다고 생각하는 사람도 많으리라. 이 책이 아이와 함께 사는 나날을 조금이라도 더 즐겁게 하는 데 도움이 된다면 기쁘겠다.

덧붙여 내 원고를 정성껏 읽고 유익한 조언을 해 주신 학연퍼블리싱[学研パブリッシング]의 우바 도모코[姥智子] 씨와 뷰기획[ヴュ-企画]의 스도 가즈에[須藤 和枝] 씨에게 감사의 말씀을 전한다.

2014년 12월 12일

기시미 이치로

# 부모는 아이에게 용기를 주어 자립시키는 존재

처음 부모가 된 순간이 기억난다. 출산의 고통으로 고개를 들 기운도 남아 있지 않았지만 아기를 안아 보라는 의사의 말에 아기를 내 가슴에 올려놓았다. 아기는 '뜨겁다'고 느낄 만큼 따뜻했다.

눈도 못 뜨고 꼬물거리는 아이는 분명 사랑스러웠다. 그런 한편으로 나 없이는 아무 것도 할 수 없는 이 사랑스러운 존재가 '부담스러웠다'. 이 험한 세상을 잘 살아 나갈 수 있도록 잘 키워야겠다는 책임감이 엄습했다.

이 책의 저자 기시미 이치로가 말한 것처럼 육아는 내 생각대로 되는 것이 하나도 없었다. 아이는 잘 먹지도 잘 자지도 않았고 자주 아팠다. 아이가 울면서 고집을 부리면 그 이유를 알 수 없어서 답답해하다가 화를 내기도 했다.

시간이 약이라고 아이는 어느덧 유치원생이 되었다. 그러자 이번에는 새로운 걱정거리가 생겼다. 아이가 유치원에서 친구들과 잘 지내고 있을까? 옆집 아이는 자전거를 잘 타는데 반해, 우리 아이는 아직 못 타는데 괜찮을까? 남자아이치고는 겁이 많은 편인데 태권도장에라도 보내야 할까?

부모는, 특히 한국의 부모는 아이를 잘 키우려고 노력한다. 그러다 보니 나처럼 이런 저런 걱정을 많이 한다. 그런데 이것은 부모가 '아이가 뛰어난 존재이기를 기대'하기 때문이다.

부모는 대부분 자식에 관한 한 욕심쟁이다.

말로는 '건강하게만 자라다오.'라고 하지만 내심 자기 아이가 완벽한 존재이길 바란다.

아니라고 손사래 치는 사람은 한번 생각해 보라.

내 아이는 건강하고 예쁘고 밥도 잘 먹어서 키도 크고, 어른에게 예의 바르게 인사할 줄 알고, 친구와 사이좋게 지내면서도 적절하게 자기주장도 할 수 있기를 바라지 않는가? 또 체육 시간에 달리기와 축구도 잘하고, 공부도 열심히 해서 좋은 대학에 가기를 바라지 않는가? 책을 좋아해서 스스로 독서하는 아이이길 바라지 않는가?

부모는 자신의 이런 기대대로 아이가 자라길 바라며 열심히 유도한다. 야단치기도 하고 칭찬하기도 하면서 말이다. 그러다가 잘 안 되면 왜 내가 원하는 대로 아이가 자라 주지 않는지 고민한다.

이 책의 저자 기시미 이치로는 그런 부모들에게 따끔하게 일침을 가한다.

그는 아이는 있는 그대로도 소중하고 가치 있는 존재라고 말한다.

또한 부모는 아이를 야단칠 권리가 없다는 놀라운 말을 한다. 왜냐하면 아이는 어른과 대등한 존재이기 때문이다. 더 놀랍게도 아이를 칭찬하는 것도 좋은 방법이 아니라고 한다. 칭찬받는 데 익숙해진 아이는 칭찬받지 못하는 일을 회피하기 때문이다.

기시미 이치로는 알프레드 아들러 심리학에 기초하여 육아의 목표는 아이를 자립시키는 것이며 부모는 아이가 자립할 수 있도록 도와주는 존재라고 정의한다.

아이가 자립하려면 그 아이는 여러 가지 실패를 겪고도 다시 도전할 수 있는 용기를 가져야 한다.

그러려면 아이는 자신이 가치 있는 사람이라고 믿을 수 있어야 한다. 부모는 아이가 자신의 가치를 믿을 수 있도록 아이를 있는 모습 그대로 인정하고 사랑하며 격려해야 한다. 그리고 아이가 선택한 길을 믿고 존중해 줘야 한다. 설령 그것이 부모의 가치관과 전혀 다른 길이라 해도 말이다. 대학에 가지 않겠다고 하거나 부모의 기준에 맞지 않는 상대와 결혼을 하려고 해도 부모는 간섭할 권리가 없다. 그에 따른 결과는 오롯이 자식의 몫이지 부모의 몫이 아니기 때문이다.

이것은 자녀의 외모, 성격, 성적, 결혼에 이르는 모든 일에 끝없는 관심을 보이며 관여하고 싶어하는 한국 부모에게는 상당히 어려운 일이 아닐까? 이 책을 번역하는 동안 '과연 이 정도로 아이와 나를 분리해서 독립적이고 대등한 존재로 아이를 대할 수 있을까' 하는 의문이 떠나지 않았다.

그러나 그렇게 해야만 한다. 그래야 내가 아이를 처음 만났을 때 생각했던 '이 험한 세상을 잘 살아 나갈 수 있는 존재'가 될 수 있을 테니까. 그래야 아이가 내 품을 떠나 훨훨 날아갈 때 기쁜 마음으로 지켜볼 수 있을 테니 말이다.

내 기대대로 아이를 키우려는 그릇된 노력을 하지 않게끔 이 책 『엄마가 믿는 만큼 크는 아이』가 부모의 본래 역할이 무엇인지 명확하게 일깨워 주었다. 참 고마운 책이다.

234